普通高等教育一流本科专业建设成果教材

过程装备与控制工程专业导论

李俊 陈晔 张颖 主编

Introduction to Process Equipment and Control Engineering

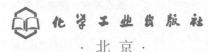

化学工业出版社
·北京·

内容简介

本书重点围绕现代绿色设计、节能、环保、新能源以及智能制造等新的发展趋势，阐释过程装备与控制工程对过程工业的支撑作用、过程工业新的发展及其与专业的关系、大学期间创新能力的培养等内容，以及与这些内容相关的知识结构。本书力求通俗易懂，帮助初学者客观了解专业的内涵、专业在社会发展中的作用以及专业的发展方向，让初学者明确学科知识结构，激发学习兴趣和创新意识。本书可作为过程装备与控制工程专业本科一年级学生的专业通识教材，也可作为相关领域学科普及的阅读材料或参考书。

图书在版编目（CIP）数据

过程装备与控制工程专业导论/李俊，陈晔，张颖主编. —北京：化学工业出版社，2023.1（2024.8重印）
ISBN 978-7-122-42933-9

Ⅰ.①过… Ⅱ.①李… ②陈… ③张… Ⅲ.①化工过程-化工设备-高等学校-教材②化工过程-过程控制-高等学校-教材 Ⅳ.①TQ051②TQ02

中国国家版本馆 CIP 数据核字（2023）第 023299 号

责任编辑：丁文璇　　　　　　　　　　装帧设计：张　辉
责任校对：王　静

出版发行：化学工业出版社（北京市东城区青年湖南街 13 号　邮政编码 100011）
印　　装：北京天宇星印刷厂
787mm×1092mm　1/16　印张 7¼　字数 171 千字　　2024 年 8 月北京第 1 版第 2 次印刷

购书咨询：010-64518888　　　　　　　　售后服务：010-64518899
网　　址：http://www.cip.com.cn
凡购买本书，如有缺损质量问题，本社销售中心负责调换。

定　　价：40.00 元

前言

　　21世纪，全球制造业面临着市场需求萎缩、产值下降、客户个性化需求增加、交货期缩短、能源和资源紧张、"三废"排放和碳排放要求日趋严格等挑战。在新一轮技术革命和产业变革中，世界各主要经济体纷纷提出对传统制造业进行转型升级的国家级战略。在我国，党的二十大报告更是明确提出了"加快建设制造强国"的发展要求。

　　过程工业是制造业的重要支撑，事关国家的经济命脉和人民的衣、食、住、行。我国过程工业历经数十年的发展，整体实力增长迅速，国际影响力显著提高，已成为世界上门类齐全、规模庞大的流程制造业大国，绿色发展和智能化发展成为我国过程工业发展的必然趋势。过程装备是过程工业的基础，服务和引领着工艺的创新发展，在一定程度上决定着传统过程工业的转型升级，决定着节能环保、生物、新能源、新材料等战略性新兴产业的发展。

　　人才是发展的首要资源，工程教育和产业发展紧密联系，相互支撑。过程装备与控制工程专业是在多个学科发展的基础上交叉、融合出现的学科分支，也是生产需求引导和工程科技发展的产物。过程工业及相关行业的发展日新月异，了解这些新的变化（或发展趋势）及其与过程装备与控制工程专业的关系，有助于该专业学生（或初学者）客观地了解专业的内涵、专业在社会发展中的作用以及专业的发展方向，有助于他们较早地找到感兴趣的发展方向并制订出自己的学习计划，从而更好地支撑未来过程工业的发展。在此背景下，本团队在前期教学基础上，编写了本书。本书亦为国家级一流本科专业——过程装备与控制工程专业建设成果教材。

　　全书共分七章，第1章介绍过程装备与控制工程专业的内涵、专业在过程工业发展中的作用以及发展现状；第2章介绍产品的全生命周期、产品的绿色设计；第3章通过节能原理与节能基本途径、过程强化传热技术与装备、工业余热回收技术与装备等，介绍过程工业新的节能技术及其装备发展；第4章分别从废水、废气以及固废等三个方面，介绍当前的典型处理技术及装备发展；第5章介绍传统火力发电过程、新能源技术及装备发展；第6章介绍过程工业智能制造的必要性、过程工业智能制造的基本概念和关键技术，以及过程装备智能化应用案例；第7章围绕大学生创新能力的培养，重点介绍了专业的培养目标及基本要求、创新能力培养需要具备的基本能力以及大学生创新实践案例。

　　本书由李俊、陈晔、张颖担任主编，上海卓然工程技术股份有限公司张锦红、展益彬、李慧担任副主编。李俊承担了第1章、第6章、第7章（部分内容）的编写；阳明君承担了第 2 章和第 7 章（部分内容）的编写；张颖承担了第 3 章和第 7 章（部分内容）的编写；罗会清承担了第 4 章的编写；陈晔承担了第 5 章和第 7 章（部分内容）的编写；史君林承担了第 7 章（部分内容）的编写，并提供了部分素材；张锦红、展益彬、李慧参与了全书章节架构讨论，并承担了部分内容审阅和部分素材的提供。在编写过程中，部分研究生参与了初稿的部分校正工作。全书由李俊统稿，陈晔负责整理和校稿。

限于编者水平，本书在内容取舍和体系架构上，都可能存在不妥之处，恳请广大读者提出宝贵意见和建议，我们将不断完善。

李　俊

2022 年 8 月

第6章　过程工业智能制造 —— 80

第7章　专业培养目标及大学生创新能力培养 —— 93

第1章 过程装备与控制工程专业内涵及发展

过程工业是制造业的重要组成部分，关系到国家的经济命脉和人民的衣、食、住、行。过程装备是过程工业的基础，没有过程装备就没有过程工业，装备的技术水平决定着过程工业的质量、效率、能耗、安全、环境影响和智能化程度，决定着制造业的转型升级。

1.1 过程工业与过程装备

装备是所有工业的基础。如果没有相应的装备，农业将因为无化肥而大面积减产，汽车飞机将因为无合格的燃油停止工作，城市和家庭将因缺电回到昏黑之中，人类寿命将因为药物的缺乏而大大缩短，人类通信将因为电子产品无材料制造而回到传话时代，氢能时代也只能成为梦想。毫无疑问，如果没有相应的装备，历次工业革命将无法实现，我们的衣、食、住、行将回到落后的手工农业时代。

按照国际标准化组织（ISO 9000）的定义，社会经济过程中的全部产品可分为四类，即硬件产品、软件产品、流程性材料产品和服务型产品。"流程性材料"主要指以流体（气、液、粉体等）形态存在的材料。过程工业就是通过一系列物理、化学和生物转化过程加工制造流程性材料产品的现代制造业，也称流程型工业，通常包括化工、炼油、建材、电力、冶金、制药、食品、轻工等行业（表1-1）。流程性材料产品的生产装置及其成套系统常常统称为过程装备，过程装备与控制工程就是一门研究和实现上述装置的重要学科。

表1-1 过程工业涉及的主要行业

按大行业分的过程工业	包含在其他大行业中的过程工业	按大行业分的过程工业	包含在其他大行业中的过程工业
石油加工、炼焦和核燃料加工业	集成电路制造	非金属矿物制品业	丝印染精加工
化学原料和化学制品制造业	电子元件制造	黑色金属冶炼和压延工业	金属表面处理及热处理加工
医药制造业	绝缘制品制造	有色金属冶炼和压延工业	锻件及粉末冶金制品制造业
化学纤维制造业	烟叶复烤	专用设备制造	火力发电
橡胶和塑料制品业	电池制造	酒、饮料和精制茶制造业	核力发电
农副食品加工业	废弃资源综合利用业		燃气生产和供应业
食品制造业	棉印染精加工		水的生产和供应业
造纸和纸制品业	毛染整精加工		管道运输业

与过程工业相对应的是离散工业（图 1-1），它将原材料加工成零件，零件组装成部件，部件组装成产品，全过程由多个可拆分的物理过程构成，原料和产品具有对应性和可确定性，包括：过程装备、机床、汽车、电子设备、轮胎、火箭、飞机、武器装备、船舶等装备制造业。

装备制造业是以零件加工和组装为核心的产业，在根据机械电子原理加工零件并装配成产品的前提下，仅改变大小和形状，不改变物质的内在结构，产品计件不计量。而过程工业则是以物质的化学、物理和生物转化为核心，生成新的物质产品或转化物质的结构形态，产品计量不计件，一般为连续操作（部分间歇操作），生产环节具有一定的不可分性。

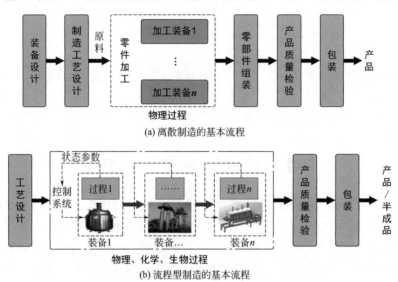

(a) 离散制造的基本流程

(b) 流程型制造的基本流程

图 1-1　离散制造业和流程制造业基本流程

过程装备的制造属于装备制造业（离散制造业），应用在过程工业。因此，过程装备与控制工程学科和过程工业与装备制造业息息相关。一方面，过程装备与控制工程学科为过程工业提供装备的研究、开发和管理服务，并通过装备的创新促进过程工艺改进、提高产品质量和生产效率、降低"三废"排放、提升系统的智能化程度，引领过程工业的发展，扩大过程装备的应用范围；另一方面，研究和实现的装置需要由离散制造业进行制造，并提供装备制造业所需的设计、制造指导和品质保障等服务。因此，过程装备与控制工程通过研究和实现过程装备服务并引领过程工业的发展，同时涉及过程工业和离散制造业。过程装备的技术水平、制造水平和智能化程度，决定着过程工业的产品质量、生产效率、能耗、安全、环境影响和智能化程度。

1.2　过程工业的基本过程及典型设备

20 世纪初期，化学工程的先驱 A. D. Lihle 向美国麻省理工学院提交的一份报告中提出："任何化学过程，不论规模如何，总可以分解成一系列相互雷同的、被称为单元操作的组成部分，如过滤、加热、分离、结晶、吸收、沉淀等，这些单元操作的基本类型并不多，对于某一特定的生产过程，可能仅包括其中的几个；要使化工工程师们具备广博的职业能力，只能对实际工业生产中不同的过程作业进行分析，并分解成多个典型的单元操作并加以研究。"1923 年，W. H. Walker 等人按照此概念写成了第一部关于单元操作的专著——《化工原理》。

图 1-2 为原油蒸馏典型工艺流程。从图中可以发现，一个复杂的产品生产过程可分解为多个典型的单元操作和单元过程。对于不同的产品，涉及的单元过程不同，工艺参数及设备控制要求均不同。

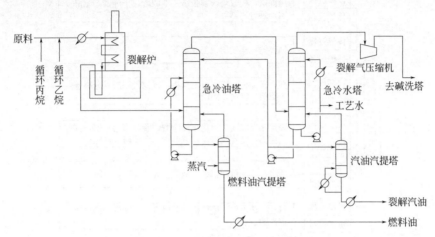

图 1-2 原油蒸馏典型工艺流程

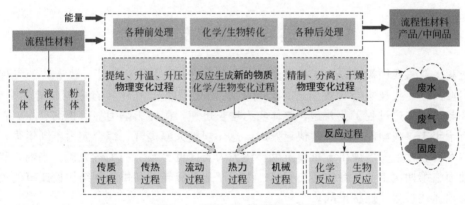

图 1-3 过程工业典型单元过程

典型的过程工业单元过程见图 1-3。一般来说，按照单元过程的本质及自然属性可将其分为三大类：

① 物理过程。在这类过程中，物料只发生物理变化（可以改变组分及性质）。按照工作原理的不同，分为机械过程和热力过程。机械过程技术是通过机械作用（力学作用）来改变物料的组分及性质，在工程上俗称为冷过程技术，例如粉碎、重力及离心过滤等。热力过程技术是通过改变热力学参数（温度、压力等）来改变物料的组成或性质，例如干燥、蒸发、吸收等。

② 化学过程。通过化学反应来改变物料的性质及种类，例如合成、裂解、聚合等。

③ 生物过程。通过生物作用（生物反应）来改变物料的性质及种类，例如发酵、生物净化等。

目前，已知的单元过程（单元操作）有 60 余种，不同的单元过程通过不同的组合可以演变出成千上万种产品的生产工艺过程，生产出成千上万种产品，化肥、啤酒、食糖、高分子材料、水泥、生物质能源、汽油、酱油、口红等都是应用过程技术的典型产品。

每一个单元都需要相应的设备，多个单元设备按一定的流程顺序通过管道、阀门等连接起来，构成了流程性产品生产的连续系统。在各种工业领域所涉及的基本过程及主要设备见图1-4。

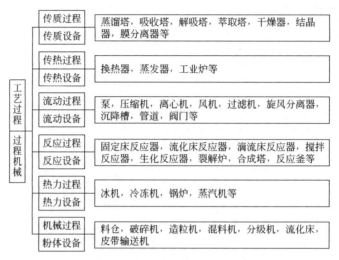

图 1-4　基本过程及主要设备

1.3　过程工业的发展趋势

过程工业占我国规模以上工业总产值约50%。我国过程工业经过数十年的发展，历经20世纪70年代技术与装备引进、80年代初消化吸收、90年代自主创新等几个阶段，到现在与国际先进过程工业并跑，整体实力增长迅速，国际影响力显著提高。

近十年来，我国制造业持续快速发展，总体规模大幅提升，综合实力不断增强，不仅对国内经济和社会发展做出了重要贡献，还成为支撑世界经济的关键力量。当前，我国过程工业面临第四次工业革命的历史契机、中国制造升级转型和供给侧结构性改革的关键时期，必须抓住机遇、迎接挑战。

多年来，我国过程工业已从局部、粗放的生产模式向全流程、精细化的生产模式发展，但我国过程工业的总体物耗、能耗和排放以及运行水平与世界先进水平相比还有一定的差距，主要表现在：产品结构性过剩依然存在；管理和营销等决策缺乏知识型工作自动化；资源与能源利用率不高；高端装备、工艺、产品水平亟待提高；安全环保压力大等。要综合解决质量、效率、资源、能源与环保、个性化需求等系列问题，故涌现出了离散型智能制造、流程型智能制造、网络协同制造、大规模个性化定制、远程运维服务等新模式、新业态，为服务和引领过程工业发展的过程装备与控制工程专业人才指明了方向。

绿色化，要求在过程工业产品生产过程中，从工艺源头上就运用环保的理念，推行源头消减，进行生产过程的优化集成，实施废物再利用与资源化，从而降低成本与消耗，减少废弃物的排放，降低产品生命周期内对环境的不良影响。这不但需要研究开发绿色的生产工艺，也需要研发高效率的反应设备及控制技术、新型的资源及能源的循环利用技术与装备、全生命周期绿色设计等。

智能化，基于云计算、大数据、机器学习、人工智能等信息技术，推动以数字化、网络化为基础的制造模式，实现"数字化＋网络化＋智能化"的制造业新范式——智能制造，包括：

① 智能过程装备。使过程装备除了可实现质量在线检测和工艺的持续自主优化，还具备自感知、自学习、自决策、自执行等功能，并能与附近的装备进行智能化集成、智能化管理、参数智能化跟踪、过程智能化监测、质量和安全智能化预测预警、故障远程智能维护等，使其更高效、更绿色、更安全、更柔性化。

② 智能生产过程。智能制造是制造强国建设的主攻方向，其发展程度直接关乎制造业质量水平。智能生产过程包括智能生产线、智能车间、智能工厂、云制造等形式，主要是通过万物互联将各种生产要素数字化和网络化，并结合大数据分析、云计算和机器智能等技术，实现生产和管理过程的智能感知、自主学习和优化、智能决策和智能控制，从而达到提高质量和效率、降低成本、减少能耗和污染等目的。

以反应器为例，可通过先进的传感技术自动感知温度、压力、浓度等参数，利用大数据分析、机器学习等技术进行实时诊断，结合系统内在机理模型和智能模型，根据需要对生产工艺进行自主调整，以达到提高质量和生产效率、优化工艺流程的目标。针对压力容器制造行业，可依托大企业建立智能制造服务平台，构建从产品需求、原材料选取、设计和加工、检验检测、协同管理到远程维护和智能服务的大数据库和知识库，实现产业链的互联互通和信息共享，进一步融合大数据分析、云计算及机器学习等技术，实现产品的定制和高效生产，促进资源优化配置和组合，在此基础上还可实现寿命预测、故障诊断、远程运维、安全保障等目标。

③ 远程智能管理。典型代表是远程运维服务在通用机械（泵、压缩机等）、发电装备、流程仪器仪表等方面的应用。如高金吉院士等通过复杂系统建模仿真、工业互联网及专家系统等技术，实现了旋转机械（泵组、压缩机组等）的故障自愈调控和远程智能维护。合肥通用机械研究院等单位针对重要压力容器和管道，开展远程运维技术研究取得初步成效，可实现危险源自动识别、风险实时评估、安全状况在线预警与响应等功能。

1.4 过程装备与控制工程专业发展现状

过程装备与控制工程专业的前身为化工设备与机械专业。20世纪50年代初，由于国家急需化工厂的机械师，于1951年建立了以化学工业及相关的行业为背景的化工生产机器及设备专业（后改名为化工设备与机械，简称"化机"）。1998年，教育部对普通高等学校本科专业进行调整时，将原来的化工设备与机械专业更名为过程装备与控制工程。

现代过程装备与控制工程是工程科学的一个分支，它是机械、化学、电学、能源、信息、材料工程、系统工程学等学科的交叉，尤其以机械工程、化学工程和控制工程三大学科的交叉融合最为明显，也是生产需求引导、工程科技发展推动的必然产物，过程装备与控制工程学科因此具有强大的生命力和广阔的发展前景。

过程装备与控制工程在本科教育层面属机械类，在研究生教育中，过程装备与控制工程隶属于动力工程与工程热物理一级学科，可以与其中化工过程机械、动力机械及工程、流体机械及工程、制冷及低温工程等二级学科相衔接，同时它也和机械工程、化学工程与技术、控制科学与工程三个一级学科密切相关。

随着国家建设制造强国和智能制造规划的逐步实施，智能化、个性化、柔性化、绿色化将渗透到整个制造业的各个领域,生产方式将发生变革,流程型制造业和离散制造业正积极投入到这场变革中,过程装备与控制工程专业正面临前所未有的发展机遇。

思考题

1. 试说明过程工业和离散制造业的范畴及区别。

2. 查阅资料,以具体的流程性材料制造业为例,简单分析其工艺流程,着重说明涉及的典程单元过程、对应的主要过程装备及其作用。

3. 举例说明装备对工业和生活的重要性。

4. 简单说明过程装备与控制工程的专业内涵以及本专业涉及的典型过程装备。

5. 查阅资料,根据过程工业的发展趋势分析过程装备的发展趋势。

参考文献

[1] 涂善东.过程装备与控制工程概论 [M].北京:化工业出版社,2009.

[2] GB/T 4754—2017 国民经济行业分类.

[3] 柴天佑,丁进良.流程工业智能优化制造 [J].中国工程科学,2018,20 (4):51-58.

[4] 潘家祯.过程原理与装备 [M].北京:化学工业出版社,2008.

[5] 李志义,刘志军.对过程装备与控制工程专业背景的认识 [J].化工高等教育,2003 (1):11-14.

[6] 中国电子技术标准化研究院.流程型智能制造白皮书 [R].北京:中国电子技术标准化研究院,2019.

[7] 王柏村.过程装备与控制工程创新发展探讨——迈向数字化、网络化、智能化 [J].化工高等教育,2021,38 (1):34-38.

[8] 周邵萍.新工科愿景下工程教育的改革之路——过程装备与控制工程专业的发展历程与改革设想 [J].化工高等教育,2017 (4):27-33.

[9] 刘宝庆,钱锦远,洪伟荣.过程装备节能技术 [M].北京:化学工业出版社,2022.

第2章 绿色制造模式下的过程装备设计

过程装备是过程工业的基础。不同的生产工艺,需要综合考虑功能要求、工艺条件、介质特性、设计寿命、行业/国家相关要求、加工制造条件以及成本等因素,按照标准对相关装置和设备进行设计和选型,然后再按设计要求进行制造和组装。设计方法以及设计过程,不但关系装备的功能,还关系到相关装备的寿命、环境影响、运行能耗和成本、制造成本、可靠性以及可维护性等。

2.1 过程装备传统设计及局限性

2.1.1 主要设计方法与设计流程

(1) 过程装备主要设计方法

过程装备主要设计方法有以下两种:

① 系列化设计。系列化设计方法是在某一类产品设计中,以功能、结构和尺寸等方面较典型的产品为基型,设计出其他各种尺寸参数的产品,构成产品基型系列。再在产品基型系列的基础上,派生出不同用途的变型产品,构成产品的派生系列。

系列化设计是产品设计合理化的一条途径,也是提高产品质量、降低成本、开发变型产品的重要途径之一。

② 模块化设计。为了开发多种不同功能结构或相同功能结构而性能不同的产品,不必对每种产品单独进行设计,而是精心设计出一批模块,经过不同的组合来构造具有不同功能结构和性能的多种产品。模块上具有特定的连接表面和连接方法,以保证相互组合的互换性和精确度。

模块化设计是产品设计合理化的另一条途径,是提高产品质量、降低成本、加快设计、进行组合设计的重要途径之一。

(2) 过程装备的设计流程

传统过程装备设计流程,涉及的主要课程和主要工具软件如图 2-1 所示。

① 需求分析和目标界定。了解需求是设计的第一步。明确需求后,再确定装备设计的目的、设计条件和设计范围,明确用户对产品质量、供货时间、价格要求,限定满足需求的一些特殊的技术要求和特性。

② 总体结构设计。总体结构设计的任务是确定装备的工作原理、总体布局和零部件之间的相互关系,它对过程装备的效率、安全性、可靠性、可制造性等有显著的影响,有时甚至起决定性作用。总体结构设计时,常根据设计要求,将装备功能逐步分解,直至零部件。

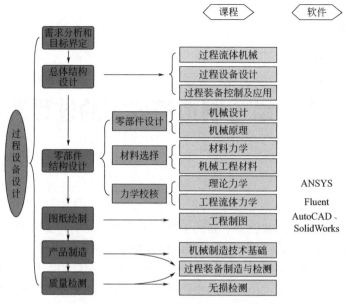

図2-1 传统过程装备设计流程，涉及的主要课程和主要工具软件

③ 零部件结构设计。过程装备是由零部件组成的。零部件结构设计时，先要确认其必要性，检查其作用能否由其他零部件来代替，以尽可能减少零部件数量。选择材料类别，再根据其作用确定结构形式。必要时还需要按强度设计理论进行零部件的尺寸计算或强度校核。

④ 图纸绘制。图纸绘制包括零部件的图纸绘制以及装配图的图纸绘制，工程师根据前面设计确定的零部件尺寸及总体结构进行绘制，用到的软件主要有 AutoCAD、Solid-Works 等。

⑤ 产品制造。工厂根据工程师提供的零部件图纸进行加工，并将加工完的零件按照装配图进行安装和调试。

⑥ 质量检测。过程装备常用的质量检测方法为无损检测，它是指在不损坏试件的前提下，以物理或化学手段，借助先进的技术和设备器材，对试件的内部及表面的结构、性质、状态进行检查和测试的方法，包括射线检测、超声检测、磁粉检测、渗透检测、涡流检测、声发射检测等。

2.1.2 过程装备传统设计实例

（1）离心泵的设计流程

泵是输送流体或使流体增压的常见过程流体机械。它将原动机的机械能或其他外部能量传递给流体，使流体具有足够的能量并被输送到目的地。泵主要用来输送水、油、酸碱液、乳化液、悬乳液和液态金属等，也可输送气-液、液-固等混合物。下面以离心泵为例，介绍装备的传统设计流程。

如图2-2所示，离心泵主要由泵盖、叶轮、泵轴、轴承等零部件组成。离心泵工作时，由电动机

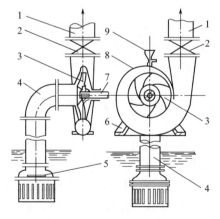

图 2-2　离心泵的组成

1—排液管；2—阀门；3—叶轮；
4—吸液管；5—吸液口；6—泵座；
7—泵轴；8—泵壳；9—灌液口

带动叶轮高速旋转，液体从泵外被吸入泵里，并在离心力作用下高速排出泵外。离心泵的传统设计流程如图2-3所示。

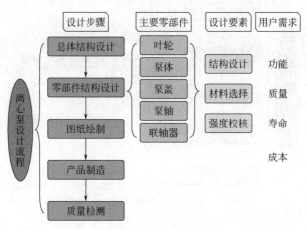

图 2-3　离心泵结构传统设计流程

（2）管壳式换热器的设计流程

换热器是将热量从热流体传递到冷流体的过程设备，它是化工、炼油、动力、食品、轻工、核能、制药、机械及其他许多工业部门广泛使用的一种通用过程设备。下面以管壳式换热器为例，说明其设计流程。

管壳式换热器如图2-4所示，其主要依靠壳程和管程两种不同路径，实现冷热流体的热量交换，即管程流动的B流体通过管束壁面与壳程流动的A流体进行热量交换，其传统设计流程如图2-5所示。

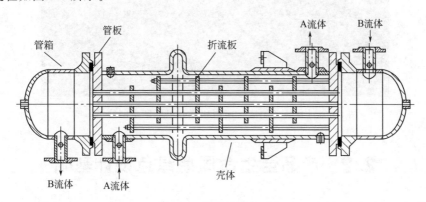

图 2-4　管壳式换热器

2.1.3　过程装备传统设计的局限性

从图2-3和图2-5所示的传统过程装备的设计流程可以发现，设计过程重点考虑装备的功能、质量、寿命和成本等，未考虑装备在制造和使用、报废过程中可能产生的废水、废气、废固及其对环境造成的危害（图2-6所示）。

当前，环境问题已成为人类社会生存与发展的严重威胁，为了从根本上降低制造业的环境影响，随着全球性产业结构的调整和人类对客观世界认识的日益深化，在全球范围内掀起了一股"绿色消费浪潮"。在这股"绿色浪潮"中，"绿色设计"的概念应运而生，成了当今工业设计发展的主要趋势之一。

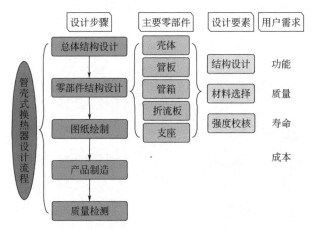

图 2-5　管壳式换热器传统设计流程

图 2-6　过程装备制造、使用和废弃可能产生的环境影响

2.2　产品全生命周期绿色设计基础

2.2.1　产品全生命周期

产品全生命周期是指产品从顾客需求、产品设计、产品制造、产品装配、产品销售、用户使用、售后服务，直至回收和再造的循环过程，如图 2-7 所示。

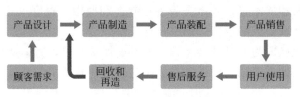

图 2-7　产品全生命周期示意图

2.2.2 绿色产品的概念

（1）绿色产品的定义

绿色产品也称为环境协调产品、环境友好产品、生态友好产品。

绿色产品指从产品设计、制造、使用，直至报废的全生命周期中，符合特定的环境保护要求，对生态环境无害或危害极少，资源利用率最高，能源消耗最低的产品，即绿色产品应有利于保护生态环境，不产生环境污染或使污染最小化，同时有利于节约资源和能源，且这一特点应贯穿于产品生命周期全程。

（2）绿色产品的特点

绿色产品是环境友好型产品，这是绿色产品区别于一般产品的重要特征。绿色产品具有丰富的内涵，其主要表现在以下几个方面：

① 优良的环境友好性。产品从生产到使用乃至废弃、回收处理的各个环节都对环境无害或危害甚小。即加工制造过程中使用的能源为清洁能源，产生的废料少；产品使用过程对环境的污染小；产品报废后能回收再利用的零件多，废弃物少。

② 最大限度地利用材料资源。绿色产品应尽量减少材料使用量和材料的种类，特别是稀有昂贵材料及有毒、有害材料。即在设计产品时，在满足产品基本功能的条件下，尽量简化产品结构，合理使用材料，并使产品中零件材料能最大限度地再利用。

③ 最大限度地节约能源。绿色产品在其生命周期的各个环节所消耗的能源应最少。

（3）绿色产品要求

① 在其生命周期全过程中，符合特定的环境保护要求，对人体无害，对环境无影响或影响极小。

② 产品结构尽量简单而不降低功能，消耗原材料尽量少而不影响寿命，制造使用过程中消耗能源要尽量少而不影响其效率。

③ 在其使用寿命完结时，其零部件或者能翻新、回收、重用，或能安全地处理掉。

通常用"绿色程度"来表明这种友好性的程度，绿色产品的"绿色程度"体现在产品的生命周期全过程，而不是产品的某一局部或生命周期的某一阶段。

2.2.3 绿色设计的概念与原则

2.2.3.1 绿色设计的概念

绿色设计源自 20 世纪 80 年代末出现的一股国际设计潮流。绿色设计反映了人们对于现代科技文化所引起的环境及生态破坏的反思。绿色设计着眼于人与自然的生态平衡，在设计过程的每一个决策中都充分考虑到环境效益，尽量减少对环境的破坏。对工业设计而言，绿色设计的核心是尽量减少物质和能源的消耗、减少有害物质的排放，使产品及零部件能够方便地分类回收并再生循环或重新利用。绿色设计的核心是"3R"原则，即 reduce、recycle 和 reuse。

全生命周期是产品绿色设计的基础。设计是产品全生命周期绿色设计的源头，设计阶段决定了产品整个生命周期 80% 的经济成本、环

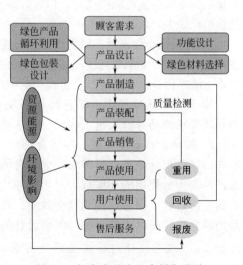

图 2-8　绿色产品全生命周期设计

境影响及社会影响，除了功能和结构设计外，绿色设计（图 2-8）的主要内容包括：绿色材料选择与管理、产品的可拆卸性设计、产品的可回收性设计。

① 绿色产品设计的材料选择与管理：一方面，不能把含有有害成分的材料与全无害成分的材料混放在一起；另一方面，对于达到寿命周期的产品，有用部分要充分回收利用，不可用部分要便于无害化处理，使其对环境的影响降到最低。

② 产品的可拆卸性设计：设计师要使所设计的结构易于拆卸，维护方便，并在产品报废后便于重新回收利用。

③ 产品的可回收性设计：综合考虑材料的回收可能性，回收价值的大小，回收的处理方法等。除此之外，还有绿色产品的绿色制造、绿色包装设计、成本分析，绿色产品设计数据库等。

2.2.3.2 绿色设计原则

绿色设计利用并行设计的思想，综合考虑在产品生命周期中的技术、环境以及经济性等因素，使设计的产品对社会的贡献最大，对制造商、用户以及环境负面影响最小。绿色设计的设计原则如下：

（1）技术先进性原则

技术先进性是绿色设计的前提。绿色设计强调在产品生命周期中采用先进的技术，从技术上保证安全、可靠、经济地实现产品的各项功能和性能。它主要包括：技术创新性原则和功能先进实用原则。

（2）环境协调性原则

绿色设计强调在设计中通过在产品生命周期的各个阶段应用各种先进的绿色技术和措施，使设计的产品具有节能降耗、保护环境和符合职业健康安全要求等，因此要真正实现绿色设计必须遵守下列原则。

① 资源最佳利用原则。在资源选用时，应充分考虑资源的再生能力和高效充分利用，避免资源的浪费。因此，设计中应尽可能选择可再生资源，应尽可能保证资源在产品的整个生命周期中得到最大限度的利用，对于因技术限制而不能回收再生利用的废弃物最好能够自然降解，或便于安全地最终处理。

② 能量最佳利用原则。在选用能源类型时，应尽可能选用可再生能源，优化能源结构，尽量减少不可再生能源的使用，以有效减缓能源危机。通过设计，力求使产品全生命周期中能量消耗最少，以减少能源的浪费。同时，减少由于这些能源消耗造成的环境污染。

③ 污染最小化原则。绿色设计应彻底抛弃传统的"先污染、后治理"的末端治理方式，在设计时就充分考虑如何使产品在其全生命周期中对环境的污染最小，如何消除污染源，从根本上消除污染。产品在其全生命周期中产生的环境污染为零是绿色设计的理想目标。

④ 安全宜人性原则。绿色设计不仅要求考虑如何确保产品生产者和使用者的安全，而且还要求产品符合人机工程学、美学等，使产品安全可靠、操作性好、舒适宜人。

⑤ 综合效益最佳原则。经济合理性是绿色设计中必须考虑的因素之一。与传统设计不同，绿色设计中不仅要考虑企业自身的经济效益，而且还要从可持续发展观点出发，考虑产品全生命周期的环境行为对生态环境和社会所造成的影响，以最低的成本费用收到最大的经济效益、生态效益和社会效益。可以通过建立一个相关产品的绿色设计数据库为产品的绿色设计提供支撑，也为绿色设计的并行实施提供技术支持。

2.2.3.3 绿色设计与传统设计的关系

如图 2-9 所示，绿色设计源于传统设计，但又高于传统设计，它包含从产品概念形成到生产制造、使用乃至报废后的回收、重用及处理的各个阶段，即涉及产品整个生命周期。也就是说，设计的时候就要考虑防止污染，节约资源和能源。绿色设计与传统设计的区别主要体现在以下三个方面。

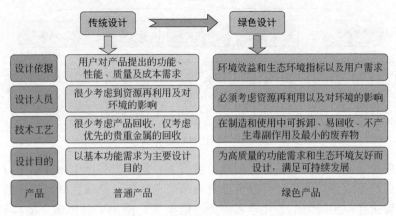

图 2-9　传统设计与绿色设计对比

（1）设计要求产品应有的指标发生根本变化

传统的设计过程仅要求满足产品的基本属性（即功能、质量、寿命等）并易于制造，很少考虑甚至不考虑环境属性。按传统设计生产的产品，回收利用率低，资源浪费严重，其中的有毒有害物质会污染生态环境，不利于可持续发展。绿色设计要求在产品的整个生命周期内，优先考虑产品应有的环境属性（可拆性、可回收性等），然后考虑产品应有的基本属性（功能、质量、寿命、成本等）。绿色设计在产品的整个寿命周期内持续地运用一体化的、预防性（预防为主、治理为辅）的环境保护战略，优化利用资源和能源、减少环境污染、保护劳动者健康，向市场提供极具竞争力的绿色产品，而最终实现经济、环境和人类社会的持续发展。

（2）涵盖产品的生命周期不同

传统设计只考虑产品生命周期中的市场分析、产品设计、产品制造、包装、销售以及售后服务等几个阶段，忽略了产品使用和最终处理阶段。绿色设计则考虑了产品的全生命周期。

（3）设计内容与设计方法发生重大变革

由于绿色设计需要考虑产品的全生命周期，因此，内容远比传统设计多得多，设计的方法也发生了很大变化。产品绿色设计的主要内容包括绿色材料选择、绿色制造工艺选择、绿色包装设计、绿色产品循环利用等。

2.3　产品全生命周期绿色设计

2.3.1　绿色材料选择

绿色材料是指消耗资源和能源少，功能良好，对环境污染小或者没有污染，可降解或者可循环使用，在其生命周期内能较好地与环境相协调的材料。绿色材料首先要具有优质无害的先进特点；其次，在其生产制备的过程中要安全；最后，材料的使用要合理。

对于绿色材料的选择有诸多需要考虑的因素，如材料的使用性能、加工工艺、环境要求、经济成本等，某些因素之间可能会存在相互矛盾的关系，各因素协调到最佳效果才可以确定最优的绿色材料。需考虑的各因素及具体内容如图 2-10 所示。

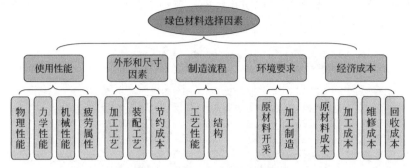

图 2-10　绿色材料选择因素

　　绿色材料选择是在满足产品使用功能的前提下，降低产品全生命周期中对生态造成的影响，并实现产品效益最大化。综合考虑材料的绿色性能，是绿色材料选择的发展方向。

　　绿色材料选择应满足力学、化学和物理性能要求，使加工的机械产品具有使用性能；材料的加工工艺性能直接影响机械产品的质量、成本和生产效率，因此在进行绿色材料的选择时，还需考虑其工艺性能；材料的经济性能是决定最终选择某种材料的一个重要因素，较低的产品成本具有更好的市场竞争力，经济性能包括原材料购买成本、加工成本和产品报废后回收处理成本等；原材料的绿色性能是材料选择时需要考虑的一个主要因素，材料的绿色性能包括能耗、污染性、回收处理性和再利用率等。

2.3.2　绿色制造

　　制造是指把原材料加工成产成品或半成品的过程，传统的机械加工制造不但需要消耗大量的资源，而且能耗高，加工过程中也不可避免地会产生"三废"，对自然生态环境造成一定的污染。

　　绿色制造源于传统制造，但又优于传统制造，其最终目的是降低能源和资源的总体消耗量，最大限度地减轻对自然生态环境的污染和破坏。正因如此，绿色制造得到越来越广泛的关注。绿色制造工艺主要包括以下三个方面的内容：节约资源、节约能源、保护环境。

　　（1）节约资源型绿色制造工艺

　　机械加工过程中的资源主要为各种原材料，节约资源型的绿色制造工艺是指在加工中减少材料的消耗和废弃物的产生，从而达到节约资源、保护环境的目的。

　　（2）节能型绿色制造工艺

　　节约能源型的绿色制造工艺指在保证机械加工效率的基础上，最大限度地降低加工机床对能源的使用量和损耗量。在传统的机械制造中，能量转化效率不高、各种低品位热能的耗散等问题，使能量的综合利用率不高。节能型绿色制造工艺的应用，可使这一问题得到有效解决。

　　（3）保护环境型绿色制造工艺

　　切削是主要的机械加工方式之一，在传统的切削加工中需要使用切削液，其主要作用是冷却和润滑。切削液是由多种化学物质组合而成，它不但是机械加工过程中的重要污染源之一，也是能量耗散的重要途径之一。保护环境型绿色制造工艺旨在减少切削液对环境的影响，可采用准干式/干式冷却技术（液氮冷却、静电冷却、气体射流冷却）。

　　① 液氮冷却技术。在机械加工中，液氮冷却技术在机械加工中的应用方式有两种：一种是直接冷却，即将液氮直接喷射到刀具或是工件的表面；另一种是间接冷却，即将液

氮集中喷射到机械加工区域内。液氮具有冷却和润滑两种作用，液氮可自然挥发到空气中，不会产生残留，对环境无污染，是干式加工中比较理想的冷却方式。

② 静电冷却技术。静电冷却技术主要是利用相应的冷却装置，在干式切削加工中，向加工区域内吹入绝缘的气体，从而改变切削区域的环境，该技术即可进行降温冷却，还能在刀具与工件之间形成氧化膜起到润滑作用。

③ 气体射流冷却技术。气体射流冷却是在干式切削加工的过程中，将带压气体以射流的方式作用在加工区，既达到了冷却的目的，又可减少润滑剂的用量。气体射流冷却技术的冷却和润滑介质主要为空气和二氧化碳，其中二氧化碳在切削过程中不会排出，不会加剧温室效应。

2.3.3 绿色包装设计

（1）绿色包装的定义及内涵

绿色包装也称为"无公害包装"和"环境友好型包装"，是对生态环境和人体健康无害、能循环利用、可以促进持续发展的包装；也就是说包装产品从原材料选择，包装物制造、使用、回收和废弃物处理的整个过程均应符合环境保护和人体健康的要求。装备绿色包装设计应遵循以下原则：

① 包装减量化原则，即包装在满足保护、方便、销售等功能的条件下，使用量应最少。

② 可重复利用原则，即不轻易废弃可以再利用的制品。

③ 可回收再生原则，即把废弃的包装制品进行回收再利用。

④ 生产新价值原则，如利用焚烧来获取能源和燃料。

⑤ 可降解原则，即包装要易于自然降解，且对人体和生物无毒无害。

（2）绿色包装设计要点

绿色包装设计的目标是既要降低包装成本，又要降低包装废弃物对环境的污染程度。

① 采用绿色包装材料：提倡使用纸、麻、藤、布、陶、瓷等在自然条件下易于分解或不对环境造成污染的绿色包装材料，不提倡采用难降解塑料或金属材料。

② 无包装化：指无包装设计或包装物本身与被包装的产品可以同时被使用，省去了包装材料。这种情况可应用于原材料或生产资料的包装，例如散装水泥运输车，可以使水泥的贮运处于一种无包装化的状态。

③ 功能多样性：产品的包装往往可被终端消费者转为他用。例如，许多日用品的包装盒（箱）可以兼做生活器具以及家庭储物等。

④ 模块化设计：将包装的各个组成部分依据功能的不同设计成几个可以相互拆装的模块，使用过程中可根据各模块的不同损耗程度，自由更换。例如，部分洗涤、洗发用品包装的瓶嘴部分可重复使用，而瓶身设计成纸质软包装，可以避免大量包装的整体报废。

⑤ 便于回收的设计：回收是绿色包装设计的核心问题。将功能模块化与材质模块化统一起来，同一个模块采用同一种材料，在包装报废时可进行分类处理；将包装的体积进行可压缩化设计；环保标识的应用，例如在一次性报废的包装上设计醒目的环保标识，以提醒消费者注意该包装的垃圾分类属性。

2.3.4 绿色产品的循环利用

绿色产品通过可拆卸设计和可回收设计，实现零部件的循环利用。

2.3.4.1　可拆卸设计

可拆卸性设计是绿色产品设计的主要内容之一，在产品设计的初级阶段就将可拆卸性作为结构设计的一个目标，使产品的连接结构易于拆卸，维护方便，并确保更多的零部件能够重复利用，过程装备结构设计方便拆卸原则如下：

（1）设计具有良好可拆卸性的连接方式

在设计过程中尽量采用简单的、易于拆卸的连接方式，如扣压和螺钉等连接方式都便于拆卸，但扣压式连接比螺钉连接更容易拆卸和节省时间。图 2-11（a）所示的薄钢板制成的盖板上用螺钉与主体件连接的方式，可改为图 2-11（b）所示的利用弹性变形扣压的连接方式。

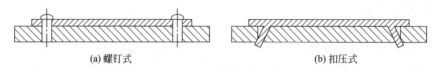

(a) 螺钉式　　　　　　　　　　　　　　　(b) 扣压式

图 2-11　一种利用扣压代替螺钉的连接方式

（2）避免金属件和塑料件互相嵌入

设计时，应尽量避免金属件和塑料件的相互嵌入，以提高材料的可分离性，减少拆卸工作量，同时便于采用粉碎操作提高拆卸效率，提高材料回收的纯度和价值。

（3）使用结构模块化设计，减少零件数量

为便于产品拆卸和回收，在满足产品功能的前提条件下，产品中模块连接尽可能采用链状或树状结构，减少网状结构，即尽可能采用纵向连接方式，减少横向连接方式。

2.3.4.2　可回收设计

可回收设计是在不降低产品功能的前提下，充分考虑其零部件回收及再利用的可能性、产品结构工艺性、回收处理方法、回收价值大小等一系列问题，确保产品具有闭环的生命周期，使产品的绝大部分实现重用、再制造利用或材料的再生及能量回收，将环境污染降至最小的一种设计思想和方法。

（1）可回收设计特点

① 资源的再循环再利用。资源再循环和再利用是机械产品回收设计的主要目标，一般有两种实现途径：原材料的再循环和零部件的再利用。

再循环的难度较大、成本高。目前，较为合理的资源回收方式是零部件的再利用，即再制造或重用。

② 节能与环保。通过高效利用再生旧金属资源，可以减少对铁矿石及其他天然矿物资源的开采，节省不可再生能源以及大量淡水，减少环境污染，提高社会综合经济效益，实现机械制造业资源与环境的和谐发展，建立新型可持续发展的生态工业。

（2）产品回收策略

回收策略是指过程装备在结束其使用寿命后，对产品整体或其零部件可采取的回收方式。产品的回收策略一般包括如下几个方面：

① 整体维修，是指对产品进行维护或零件更换后再进行使用；

② 拆卸与分离，将过程装备拆卸至部件或零件级，对于完整的零部件进行回收利用，对于破损的零部件进行修复再利用；

③ 材料回收，对不可用零部件进行整体粉碎，采用分离技术对得到的粉碎颗粒进行

分离，获取回收材料；

④ 废弃处理，对不能回收的部分，作为垃圾进行填埋或其他合理的处理。回收流程见图 2-12。

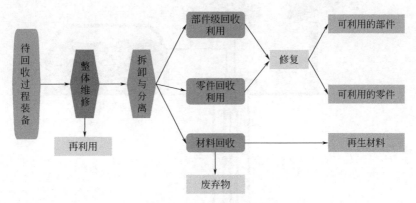

图 2-12　产品回收流程

（3）产品可回收设计方法

在产品生命周期的不同阶段，回收的方式和内容也不相同，在设计时考虑的重点也有所区别。根据回收所处的阶段不同，可将回收分为三种类型，即前期回收、中期回收和后期回收。

① 前期回收。这种回收方式中的回收者位于生命周期的前端，通常是指制造商对产品生产阶段所产生的废弃物和材料（如边角料、切屑液等）进行回收利用。

② 中期回收。通常指在产品首次使用后，对其进行换代或大修，使产品恢复其原有功能和性能，甚至通过模块的扩充，获得新的功能。

③ 后期回收。主要指产品丧失其基本功能后，对其进行分解、零件重复利用及材料回收。

从产品的回收层次来看，回收有三个层次，即部件级、零件级、材料级。从环境保护和节约资源能源角度来看，产品设计初期，就应该考虑产回收的优先层次关系，以达到综合效益的最大化。产品经过简单维护升级，实现重复利用，这是最理想的设计结果；其次，尽可能使组成产品的零部件实现重复利用；零部件无法重复利用时，则考虑在材料级别上的回收利用，剩余部分可通过一定的处理方法获取部分有用的价值（如有机物可通过科学焚烧获取其中的能量）或进行填埋处理。产品的回收设计过程按照以上原则考虑，并尽可能减少能量消耗及填埋量。

2.4　绿色制造模式下的产品全生命周期绿色设计案例

2.4.1　太阳能泵设计

传统方法设计出的泵所需能源来源于电能，太阳能泵（图 2-13）主要是将太阳的光能转化为电能，给泵电机提供工作电力。这种泵利用随处可取、取之不竭的太阳能，系统全自动地日出而作，日落而歇，无须人员看管，维护工作量可降至最低，是典型的绿色设计过程流体机械，其设计流程如图 2-14 所示。

太阳能泵在设计过程中的主要内容如下：

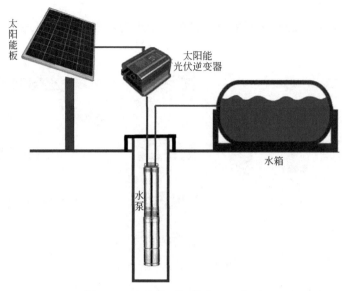

图 2-13　太阳能泵工作流程示意图

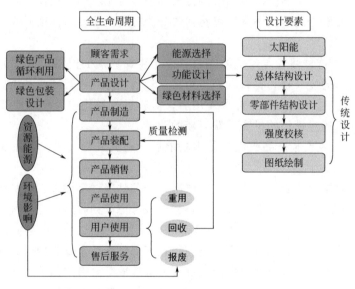

图 2-14　太阳能泵全生命周期绿色设计流程图

（1）材料选择

下面以泵壳、泵轴、油漆为例说明，泵如何选择绿色材料。

① 泵壳材料选择。泵壳的作用是将叶轮封闭在固定的空间内，以便通过叶轮的作用吸入和压出液体。泵壳在选择材料时可采用铝合金或者镁合金，从而降低泵的质量。

② 轴材料选择。可在轴、叶轮、联轴器等原始材料中加入纳米材料，从而大大拓展性能。

③ 油漆选择。泵壳及其他零部件的外部油漆在选用时，选用无毒油漆，无毒油漆属于能够保护环境的涂料，具有无毒、无异味的特点，能抑制霉菌的生长。

（2）绿色制造工艺选择

泵的零部件在制造过程中，可通过压力机锻造、干式切屑、风冷切削、水喷射加工等方式，减少切屑液使用，减少切削、废品等废弃物数量，减少制造过程中的粉尘和噪声对工人健康的损伤。例如联轴器等可选用干式切削或风冷切削，叶轮可选用水喷射加工。

（3）太阳能泵的绿色包装设计

包装材料有金属、塑料、木质、玻璃、纸质等，在选择泵的包装材料时要尽可能减少包装材料的种类和数量，同时选用可降解的材料，包装材料还必须具有可拆卸回收性，实现材料的多次循环利用。木材具有易加工、可塑性强、绝缘、优良的共振性等特点，而竹材具有强度大、自重轻、加工容易、生长快等特点，因此可选用木质板或竹材板作为包装材料。

（4）太阳能泵的可循环利用

泵在拆卸设计过程中要尽量减少连接件、尽量满足零部件的重复利用、尽量满足用户的可拆卸需求、尽量便于产品维修，同时零部件以及耗材还需易于分离。例如，泵的联轴器由多个零件组成，因此要求连接件少，组装拆卸快捷，零部件以及材料易于分离。

回收设计时主要考虑产品零部件的重复利用、零部件的回收和材料的回收，例如联轴器中的螺杆、螺母的回收，轴承的重复利用，泵壳作为材料回收等。

2.4.2 博莱特空压机设计

空压机，即空气压缩机，是一种用来压缩气体以提高气体压力的过程设备，被广泛应用于化工、钢铁、医药、汽车、电子、半导体、环保等行业。空压机在使用中会产生大量的热量，博莱特公司设计的空压机余热回收解决方案，可回收 70% 的空压机能耗，并可应用于：生产工艺、中央空调采暖、换热装置、洗浴、锅炉补水等场合。博莱特空压机全生命周期绿色设计流程如图 2-15 所示。

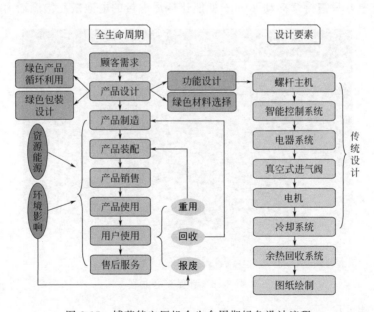

图 2-15　博莱特空压机全生命周期绿色设计流程

博莱特空压机全生命周期绿色设计流程与传统的空压机设计相比，除了设计过程要考虑绿色材料、绿色包装、可拆卸和回收之外，还额外增加了余热回收系统，这不仅降低了空压机能耗本钱，还避免了对环境的污染。

博莱特空压机除在结构设计过程中增加了预热回收系统，避免了能源的浪费，在材料选择、制造加工、包装、回收再利用方面的绿色设计如下。

（1）材料选择

以螺杆泵和润滑油为例，说明如何进行绿色材料设计。螺杆泵采用铝合金或者镁合金，降低泵的质量。螺杆泵主机选用 BLT 专用油，这种润滑油抗氧化稳定性高，运行寿命长达 8000h；无毒性，可生物降解，28 天内可自动降解超过 82%。

（2）绿色制造工艺选择

螺杆采用磨削加工成阿特拉斯专利型线螺杆，磨削加工过程中，采用喷雾式润滑，减少冷却液用量。

（3）绿色包装设计

博莱特空压机在运输过程中的包装材料选用竹板材，竹板材是由一片片加工处理好的精致竹片经胶合压制而成的板材和方材，竹板材具有良好的物理性能，并且具有吸水膨胀系数小、不干裂、不变形等优点。

（4）博莱特空压机零部件的循环利用

博莱特空压机采用的模块化设计，便于拆卸，在螺杆主机、智能控制系统、电气系统、冷却系统等各个模块之间，可单独拆卸和维修，即使博莱特空压机年久失效，仍可将模块单独拆卸回收再利用。

2.4.3 其他绿色设计案例赏析

（1）环保电池

图 2-16 所示的环保充电电池，当电池没电的时候，只需打开把手，将其顺时针转动即可给电池充电，只需持续摇动 20min 就能让耗尽电量的电池恢复饱满活力。

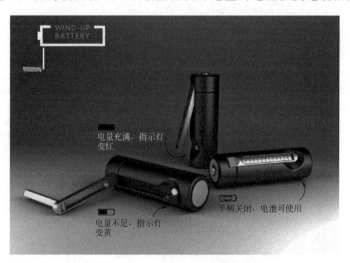

图 2-16 环保充电电池

（2）人力洗衣机

海尔公司在 2010 年柏林国际电子消费品展销会上推出了一款人力洗衣机，如图 2-17 所示。这款绿色洗衣机利用动感自行车产生的能源驱动洗衣机清洗衣物。20min 的运动可以支持洗衣机用冷水清洗一次常量衣物。

洗衣机

健身器

图 2-17　人力洗衣机

思考题

1. 说明绿色设计与传统设计的区别。

2. 产品全生命周期绿色设计需要考虑哪些内容？

3. 选择一种自己熟悉的产品，按照产品全生命周期绿色设计的内容，提出自己的绿色设计思路。

参考文献

[1]　许彧青.绿色设计［M］.北京：北京理工大学出版社，2007.

[2]　刘志峰，刘光复.绿色产品与绿色设计［J］.科技导报，1997（4）：48-50.

[3]　陆长明.面向全生命周期的绿色产品设计方法的研究［J］.轻工机械，2006，24（4）：4-7.

[4]　范钦满，严桃平.绿色设计及其与传统设计的差异研究［J］.淮阴工业专科学校学报，1999（4）：
　　　5-6.

[5]　刘晓欣.面向绿色制造的绿色材料选择研究［D］.石家庄铁道大学，2018.

[6]　何刚.机械加工制造中的绿色制造工艺［J］.科学技术创新，2020（14）：168-169.

[7]　徐伟，陈吉红.面向产品回收的可拆卸性设计技术的研究［J］.机床与液压，2009，37（2）：24-28.

[8]　楼锡银.面向可回收的绿色机械产品设计方法研究［J］.机械制造，2009（2）：1-3.

[9]　刘志峰.绿色设计方法、技术及其应用［M］.北京：国防工业出版社，2008.

[10]　万晓凤，康利平，余运俊，张燕飞.光伏水泵系统研究进展［J］.科技导报，2014，32（27）：
　　　76-84.

[11]　张秀芬.机电产品绿色设计与工程实例［M］.北京：化学工业出版社，2015.

第3章 过程工业节能及其装备发展

能源危机已成为全球共同关注的问题。为了应对能源危机，世界各国在研究开发新能源的同时，还积极发展节能技术，并将节约能源视为除煤炭、石油、天然气和水力能之外的"第五大能源"。

3.1 节能原理与基本途径

3.1.1 节能的定义

《中华人民共和国节约能源法》中明确定义了节能的概念，即：加强用能管理，采取技术上可行、经济上合理以及环境和社会可以承受的措施，从能源生产到消费的各个环节，降低消耗、减少损失和污染物排放，制止浪费，有效、合理地利用能源。

3.1.2 节能的原理

对能量的本质认识是节能原理的依据，即能量守恒及能量转换的客观规律性。早在20世纪中叶，人们对能量的本质认识已有一定程度的发展，其标志为热力学第一定律和热力学第二定律的建立。而节能分析工作就是要科学地找出节能潜力与部位，制定节能措施的指导原则，规划长短期节能目标。节能潜力就是在经济结构、生产布局及资源等因素均不变的情况下，依靠改进技术装备和提高技术管理水平等措施，进一步提高能源开采、加工、运输、转换、使用等全过程的能源利用效率，从而节约能量。可以用节能量评估节能潜力，随着经济的发展，能源消费量和所需要的有效能量逐步增长，将节能量 ΔE 定义为

$$\Delta E = \frac{\eta E_1}{\eta_0} - E_1\left(\frac{\eta_1}{\eta_0} - 1\right) \tag{3-1}$$

式中，E_1 为对比的能量消耗；η_0 为基准年的能源有效利用率；η_1 为对比年的能源有效利用效率；η 为能源中能量有效利用效率。

在节能潜力分析中，一般都是通过热力学第一定律分析法和热力学第二定律分析法来进行，也可以通过热经济学分析法和系统节能分析法等来进行。

(1) 热力学第一定律分析法

热力学第一定律分析法是以热力学第一定律为依据来研究与分析节能问题的方法。该方法以热效率为指标，估算出其节能潜力，其热效率越高，节能潜力也就越大。这种方法具有简明、易于理解、易于掌握的特点，在节能工作方面有很大的应用价值。但是，由于

其建立在能量总量守恒的基础上，因此在开发节能潜力方面存在着很大的局限性和不合理性。

（2）热力学第二定律分析法

20世纪50年代以来，热力学第二定律在节能研究与节能实践方面得到了广泛的运用。事实上，能量不仅有量的多少，还有质的高低。能的"质"就是能量的品位、可用性。例如，一大桶温水的热量很多，却不足以煮熟一个鸡蛋，而一勺沸水所含的热量可能很少，却可以烫伤人。可见，同样多的热量，如果温度不同，则能量的品位不同，所产生的客观效果也不同。

热力学第二定律指出了能量转换的方向性，它涉及的是能在"质"的方面的本性：自然界中一切自发的变化过程都是从不平衡状态趋于平衡状态。例如，一杯热水自发地将热量传给低温的空气，最后水和空气温度相等，而不可能相反。这一定律说明，能量具有丧失其可用性的特性，或能量在质上具有贬值的特性。热力学第一定律阐述了能量在"量"上的守恒性，热力学第二定律阐述了能量在"质"上的贬值性。因此，能量合理利用原则为：追求供入系统的能量和系统供给用户的能量在数量上平衡，在质量上完全匹配，即能量利用的量和质的匹配原则。

3.1.3 节能的途径

广义上讲，节能就是要挖掘节能潜力，降低能源消费系数，使实现同样的国内生产总值所消耗的能源量减至最少。一般节能可从以下几方面分析：

① 技术节能。通过技术创新来提高用能设备的能源利用效率，直接减少能耗。

② 工艺节能。通过改进工艺或采用新工艺，降低某产品的有效能耗。

③ 结构节能。通过调整工艺结构和产品结构，以降低装备的能量消耗量。

其中，技术节能和工艺节能统称为直接节能，结构节能也称为间接节能。为了提高能源的有效利用率，直接节能从技术和工艺上可从以下几方面进行组织：

ⅰ.在装置的性能和技术上提高能量传递和转换的效率，尽量减少转换次数、缩短传递的距离。

ⅱ.大力开发研究节能新技术，如高效清洁的燃烧技术、高温燃气涡轮机、高效温差换热设备、热泵技术、热管技术及低品质能源动力转换系统等。

ⅲ.依据热力学原理，从能量的量、质两个角度出发，对能量的需求进行估算，并对能源利用方案进行评估；按能量的品质合理使用能源，尽可能防止高品位能量降级使用。

ⅳ.按系统工程的原理，实现整个企业和地区用能系统的热能、机械能、电能、余热和余压全面综合利用，使能源利用过程实现综合优化。

ⅴ.加快高新技术的开发研究，如核能、氢能、可燃冰利用等。

3.2 强化传热技术与装置

3.2.1 传热的基本原理

传热是指由于温度差引起的能量转移，又称热传递。由热力学第二定律可知，凡是有温度差存在时，热量就必然从高温处传递到低温处。传热是自然界和工程技术领域中普遍的一种传递现象。

根据传热机理的不同，热传递有三种基本方式：传导、对流和辐射。热传导是依靠物体内分子的相互碰撞进行的热量传递过程。对流传热是流体内部质点发生宏观相对位移而引起的热量传递过程，对流传热只能发生在有液体或气体流动的场合。热量以电磁波的形式在空间的传递称为热辐射。热辐射与前两者最大的区别就在于它可以在完全真空的环境下传递而无须任何中间媒介。

传热过程中，冷热流体（接触）热交换可分为三种基本方式：直接混合式换热、间壁式换热、蓄热式换热。

① 直接混合式换热：热流体和冷流体直接接触，两股流体彼此混合并进行热交换。图 3-1 是直接混合式换热设备的原理图，此设备具有结构简单、高效的特点，适用于允许冷、热流体混合的情况。

② 间壁式换热：冷流体和热流体被固体的壁面（热传递表面）分开，彼此不接触，在壁面的两边流动，热流体的热量从壁面传递到冷流体。适用于不能进行冷、热流体混合的情况。

③ 蓄热式换热：蓄热式换热是一种以蓄热为目的的换热方法。这类换热设备利用具有更大热容量的固态蓄热体，把热流体的热量传递到冷媒上。图 3-2 是蓄热式换热设备的原理图。蓄热介质与热流体接触时，会得到来自于热流体的热，使蓄热体温度上升，再与冷液发生接触，将热量传递至冷却液体，实现热量的转移。

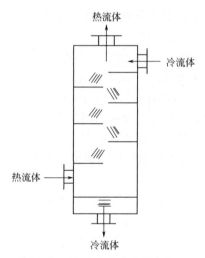

图 3-1 直接混合式换热设备

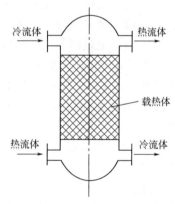

图 3-2 蓄热式换热设备

3.2.2 强化传热方法及典型结构

传统的工业工艺强化传热技术主要集中在换热器等单一装置和部件上，这对于强化工业生产的热能利用有促进作用。然而，热能的强化利用是一个复杂的系统工程，工艺过程、工厂全局等都会对其产生重要的影响，必须从整体上加以综合考虑。目前，工业过程强化换热技术得到了很大的发展，主要包括三个层面：一是强化传热装置部件，二是强化工艺过程，三是工厂整体的提升。

3.2.2.1 换热器强化传热技术

换热器是将热流体的部分热量传递给冷流体的设备，又称热交换器。图 3-3 所示为固定式管壳换热器，由多管子组成管束，管束的两端通过焊接或胀接的方法固定在两块管板上，而管板则是通过焊接的方法与壳体相连接。

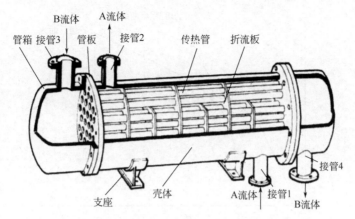

图 3-3　固定式管壳换热器

强化换热技术的工作重点包括以下四个方面：一是减少初始换热面积，减少设备容积，减少设备的金属消耗；二是改善现有换热器的传热性能；三是可以在低温环境下进行换热工作；四是减小换热器的压力损失，从而降低能耗。

加强换热器的传热能力通常从三个方面进行：一是增大换热区域，例如采用螺纹管、横纹管（或横纹管）、表面多孔管，使换热器的有效换热面积增大、流型变好，使换热效果变好；二是增加有效的平均温差，在工艺允许的情况下，尽量增加冷、热流体的进出口温差，当工艺条件不能改变液体的温度时，采用反向流动换热来增加等效平均温差；三是提高换热器的总热系数，提高隔膜的传热系数，降低污垢的热阻力，从而使换热器的总传热系数得到改善。

3.2.2.2　换热网络优化技术

该系统的主要功能是建立全厂、工艺装置热能的最佳利用框架，并从宏观层面上明确强化传热的方向。传统的传热网络优化方法主要有启发式和数学规划法。

（1）启发式法

启发性方法是依据热力学和工程设计的经验，按照几个设计目标和试验规律，构造出一个初始的网络，然后对其进行优化，直到得到最佳的结构。其中，夹点方法是最广泛和最有影响的一种方法。

夹点技术是由 Linnhoff 等于 1978 年提出的，经过实际的发展，由传热网络的集成扩展到了全流程的能量分析和优化算法。夹点设计方法首先画出冷、热两种流体的结合关系，并利用温-焓图（图 3-4）来求出最小的冷、热公用工程的最小用量。在采用夹点技术进行换热网路的设计时，必须遵守以下三个原则：

① 不能有过热；
② 不能在夹点以上采用冷热设备；
③ 在夹点以下不得采用热力设备。

（2）数学规划法

数学规划法是建立换热网络综合问题的数学模型，并以满足特定的约束条件为目标函数，从而得到最佳的传热网络结构。在此基础上，提出了一种基于非线性规划的混合整数规划方法。用数学规划法解决传热网络的综合问题，通常分为两个阶段：

ⅰ.构造包含所有可行方案的超结构模型。
ⅱ.将超结构模型写成数学表述式，其基本形式见相关文献。

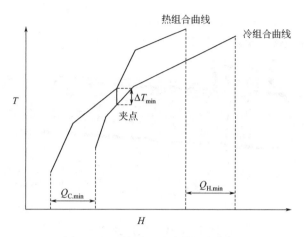

图 3-4　温-焓图上的冷热组合曲线

$Q_{H, min}$—最小公用工程加热负荷；$Q_{C, min}$—最小公用工程冷却负荷；ΔT_{min}—最小允许传热温差

换热网络涉及的因素较多，非常复杂，在建立各种换热网络的数学模型时，不可避免要进行简化和假设，使得所建立的数学模型与所描述的实际过程出现偏差，所获得的最优解会偏离实际的最优解。

3.2.2.3　面向特殊工艺、介质、过程的设备元件强化传热

生产过程中存在着许多特殊工艺和介质，因此需要使用特殊强化热交换器。例如，为了解决管壳式换热器强化传热和膜传热系数低的问题，工艺介质不发生相变时建议采用螺纹管、横管、螺旋槽管等强化传热管；工艺介质冷凝时建议采用纵槽管、锯齿形翅片管等强化传热管；工艺介质沸腾时建议采用 T 形翅片管和表面多孔管等强化传热管。为了解决一台设备内多股流换热的问题，还需要使用专门的强化传热换热器，如乙烯装置开发中集成板翅式换热器的冷箱。以上方法都是为了用特殊的工艺、介质和过程来强化设备元件的传热。下面介绍一些常见的强化传热换热器。

（1）螺旋折流板换热器

螺旋折流板换热器是一种具有螺旋状结构的折流板，它由若干块 1/4 壳程截面的扇形板组装而成，其内部结构如图 3-5 所示。此种结构使壳程介质呈螺旋状流动，其介质流动的返混较少，几乎不存在死区，同时在离心力的作用下，介质与换热管接触后会脱离管壁而产生尾流，使边界层分离充分，进而改善传热效果。在相同流量条件下，压降最大可以降低 45%。在较低压降的情况下，螺旋折流板又能使介质产生较大的流速并提高了雷诺数，从而显著提高传热系数，传热系数具体可提高 20%～30%。因此，该结构的最大特点是

图 3-5　螺旋折流板换热器内部结构图

单位压降下的换热系数高。在壳程压力、污垢热阻、流体诱导振动要求比较严格的场合，螺旋折流板换热器是非常适合的一种换热器，尤其对于高黏度流体效果更加突出。

（2）折流杆换热器

图3-6为典型折流杆换热器内部结构示意图。折流杆换热器主要结构特点是将壳程的折流板改用折流杆来固定管束，每根换热管分别由上下左右四根折流杆固定，管子在流体作用下不易振动。目前，部分企业将圆形钢条改为扁钢、波形扁钢、准椭圆截面杆等，均取得了良好的效果，一般这种结构只适用于大流量的情况。

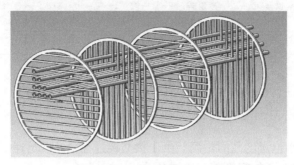

图3-6　折流杆换热器内部结构图

强化传热技术的应用，不仅可以减轻设备的重量，还可以影响工艺流程，达到节能降耗的目的。如轻烃回收再沸器采用表面多孔管，这样可降低对热流体的温度等级要求，从而可使用较低等级的公用工程和装置内的中低温介质。板式换热器或缠绕管式换热器可降低热端温差，它们常用于原料加热器，降低加热炉的负荷和燃料消耗，同时还可以降低后续空冷器的电耗和循环水消耗。

3.2.2.4　工艺过程强化传热

工艺过程强化传热对推动工艺过程节能减排、节省投资具有重要意义。部分典型的工艺过程具有特殊的热能利用和强化传热等特点，以下是几种典型工艺过程的介绍。

（1）原油蒸馏装置

炼油工业的第一道生产工序是原油蒸馏，原油在经过换热、加热两道工序后会生产出诸多具有不同沸点范围的产品，该生产过程一般只涉及物理变化。由于大量的原油在原油蒸馏装置中会被加热汽化、冷凝冷却，这使原油蒸馏装置的能量消耗较高。燃料消耗通常只占到装置能耗的70%～85%。因此，对于原油蒸馏装置来说，其能量合理利用的关键是通过复杂的换热网络充分利用燃料燃烧释放的热能。原油蒸馏装置具有复杂的换热网络，在换热网络设计过程中，充分应用了夹点技术，同时根据实际的工程经验，对影响换热网络程度大的各种因素进行了相应的综合评估与选择。

以某千万吨级原油蒸馏装置为例，仅原油预热部分就设置了29个换热台位、90余台换热器，如图3-7所示。应用夹点技术，根据工程经验对换热网络影响因素进行了评估选择：

① 原油分路优化。多路设计能在一定程度上实现冷热物流的合理匹配，提高换热网络的灵活性。在这种情况下，脱前原油分为三路换热，脱前原油和初馏塔底油分为二路换热，采用等流设计，各路换热和压降基本相同。

② 换热网络热物流换热顺序合理化。

ⅰ.对于热容量小、温度低的热源，安排在热交换部分预热原油，如初始顶循、常顶循等。

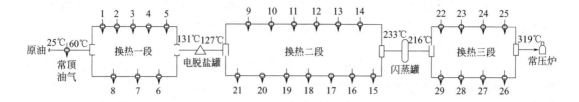

图 3-7 换热网络流程示意图

换热一段：1—常顶循（2）；2—减顶循；3—常一线；4—常一中（2）；5—减二线；6—常二线；
7—常顶循（1）；8—常三线（3）

换热二段：9—常一中（1）；10—减渣（5）；11—常二中（2）；12—减渣（4）；13—常一中（3）；
14—减渣 I（3）；15—减渣 I（3）；16—常三线（1）；17—减三线（1）；18—减一中（1）；
19—减一中（2）；20—减三线（2）；21—常三线（2）

换热三段：22—减二中 I（2）；23—减渣 I（2）；24—减二中 I（1）；25—减渣 I（1）；26—减渣 II（1）；
27—减二中 I（1）；28—减渣 I（2）；29—减二中 I（2）

　　ⅱ．对于热容量小但温度高的热源，由于热交换过程中温度迅速下降，出口端温差小，虽然温度高，但也参与了热交换部分原油预热。

　　ⅲ．对于热容量大、温度高的热源，安排在后期进行第一次换热，然后返回前部和冷流换热。例如，减压渣油分为两路参与换热。高温部分在换热三段与蒸馏塔底油换热，换热后温度下降，然后参与换热二段和脱盐油换热，同时参与换热一段和脱前原油换热。

　　表 3-1 给出了近年来中国石化工程建设有限公司设计建成的千万吨级原油蒸馏装置的参数（部分参数进行了近似处理），通过换热网络优化设计与单元设备强化传热，这些装置能耗均处于国际先进水平。

表 3-1 国内千万吨级原油蒸馏装置关键数据

所在企业	加工量/(Mt/a)	换热终温/℃	能耗/(kgoe/t)	备注
海南炼化	8	290	8.5	常压渣油外甩
青岛炼化	10	320	9.0	减压深拔
惠州一期	12	310	8.2	
惠州二期	10	300	8.0	百轻烷装置供热
泉州石化	12	320	8.5	减压深拔，向轻烃装置供热，有催化装置热输入

（2）催化裂化装置

　　炼油厂实现重油到轻油转化的关键装置是催化裂化装置，它产生大量焦炭，大量热量也会在再生器中通过燃烧释放，满足装置自身换热需求后，还有多余的热量。同时，它仅需要冷公用工程，无须热公用工程，是典型的热端阈值问题换热网络，如图 3-8 所示。

　　充分利用焦炭燃烧释放的热量是装置强化热能利用的关键，同时也要考虑催化裂化装置与其他炼厂之间的热集成问题，合理设计换热网络，实现催化裂化装置和其他装置的有效热集成，以降低整个炼化企业的能量消耗。具体换热过程中，对于高温位热能，再生器内的焦炭通过燃烧释放的热量，一部分被再生器的内、外取热产生的中压或次高压蒸汽取走；另一部分被反应油气带入了分离系统，循环油浆产生中压蒸汽或与其他装置热集成会利用这部分热量。

过程装备与控制工程专业导论

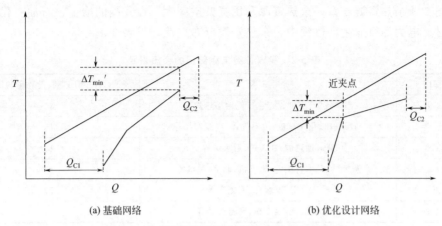

(a) 基础网络   (b) 优化设计网络

图 3-8　热端阈值问题换热网络优化设计示意图

（3）加氢类工艺装置

炼油厂加氢工艺装置包括加氢处理、加氢裂化等，在炼油生产过程中起着重要的作用。加氢类工艺装置热能利用有两个特点：一是反应产生的热量被强化原料油与反应流出物的换热器及相关工艺过程充分利用；二是在分别优化综合换热网络高压、低压两个部分时与产品分离工艺过程相结合。

加氢原料预热强化传热过程，原料油与氢气加热有两种工艺，一种是"炉前混氢"工艺，另一种是"炉后混氢"工艺。"炉前混氢"是原料油与氢气混合成两相流后与反应产物换热，再进入反应进料加热炉。"炉后混氢"是原料油和氢气分别单相与反应产物换热，原料油在反应进料加热炉出口混合进反应器，两种换热流程。与"炉后混氢"相比，"炉前混氢"由于强化了冷侧物流的传热系数，可节约传热面积约 40% 以上。

3.3　工业余热回收技术及装备

在工业生产的燃烧、加热或冷却过程中，为了使工艺介质达到设计要求的温度，各种形式的余热排放是不可避免的。从提高能源利用率和节能降耗的角度看，对余热进行合理的回收利用是非常有必要的。但是，在回收过程中，要考虑到两方面的问题：一是余热回收的经济性，即在一定回收期内余热回收的成本应小于回收余热的价值；二是现有技术的可行性，一些中低温烟气腐蚀性较大，常规的余热回收设备难以处理腐蚀问题。

3.3.1　过程工业常见的余热资源及其价值

在工业生产系统的能量利用过程中，余能可以分为可利用的有效能和不可利用的损失能，有效能的重复利用部分和损失能的回收利用部分统称为可回收的能量。余能也可分为载热性余能、压力性余能和可燃性余能。载热性余能即余热（或称废热），包括各种排汽、介质、物料、产品、废物、冷却水等所携带的热能，如锅炉的烟道气，燃气轮机、内燃机的排气，焦炭、废料、炉渣等物理热。压力性余能又称为余压，是指某些排气、排水等有压力或有落差流体的能量。利用流体的余压可以驱动机械做功或发电。可燃性余能是指可以作为燃料利用的可燃物，包括排放的可燃废气、废液、废料等，如高炉气、转炉气、焦炉气、炼油气、纸浆黑液、甘蔗渣、可燃垃圾等。

我国工业余热资源丰富，余热资源利用提升空间大。在我国的冶金、石油、化工、轻工、建材、电力等行业生产过程中，余热资源分布广泛，见表3-2。

表3-2 我国各类工业部门的余热来源

工业部门	余热来源	余热约占部门燃料消耗量的比例/%
冶金工业	高炉转炉、平炉、均热炉、轧钢加热炉等	33
化学工业	高温气体、化学反应、可燃气体、高温产品等	15
机械工业	锻造加热炉、冲天炉、退火炉等	15
造纸工业	造纸烘缸、木材压机、烘干机、制浆、黑液等	15
玻璃搪瓷工业	玻璃熔窑、堪坏窑、搪瓷窑等	19
建材工业	高温排烟、窑顶冷却、高温产品等	40

3.3.2 典型工业余热回收技术

余热的种类和形态不同，其余热利用技术也存在较大差异。对于流体介质携带的余热，最基本的方法是通过传热装置将高温液流体的余热传递到低温的流体中。在比较不同的余热回收方案时，基本原则是：回收率尽可能高；回收成本尽可能低，或回收期尽可能短；适应热负荷变化的能力强。

下面分别介绍几种余热利用技术。

（1）低品位热能回收

在石油、化工、冶金、能源等行业中，生产过程产了大量的低品位余热，随着技术进步，这些低品位热源越来越受到重视，并逐渐得到了开发。

① 直接利用。低品位热源各种利用方案中首选的方案是直接利用，例如被用于提供生活热水、企业采暖、热风工艺等。通常，可以被直接利用的废热范围是 $50\sim120$℃，其热效率极高，甚至能达到100%。板式换热器是余热利用中广泛应用的设备。

② 使用热管技术。热管技术中的"热管"是指一种传热元件，它由美国洛斯·阿拉莫斯（Los Alamos）国家实验室发明，相变介质的快速热传递性质能够被充分利用，发热物体的热量通过热管被迅速传递到热源外，已知金属中没有导热能力能够超过它。除此之外，废热利用的范围和种类也被热管技术的开发应用扩展了，使得废热利用变得容易和可实现，尤其在烟道气余热利用方面有很大优势。通过热管回收的热量可以应用于生产过程或者其他用途。同时，热管技术在散热方面应用更为广泛，电子元器件在使用热管散热技术后，做到了体积小型化，性能更稳定。

③ 应用热泵技术使低温热源变为中高温热源。热泵技术的工作原理：通过少量高品位能源（如电能）的输入，实现热能由低温位向高温位转移。例如使用水源式热泵给低温水增温，供企业采暖，或者工艺用水水源式热泵利用低品位热水作为热泵机组输入能源，另外再输入少量高品位电能驱动压缩机运行，可以给机组出水增温 $5\sim20$℃。低温型水源热泵出水温度 $45\sim60$℃，高温型水源热泵出水温度可以达到 $75\sim85$℃。水源式热泵可以使用的水源温度范围较广，进水温度在 $15\sim60$℃，出水温度可以达到 $45\sim85$℃。水源热泵机组效率可达到 1:（$3\sim6$）。水源式热泵在空调制热方面应用广泛。

④ 使用吸收式冷水机组制取低温冷冻水应用于空调或者用作工艺冷冻水。吸收式制冷与吸收式热泵原理相似，是利用某些具有特殊性质的工质，通过一种物质对另一种物质的吸收和释放，产生物质的状态变化，从而伴随吸热和放热过程。吸收式制冷装置由发生

器、冷凝器、蒸发器、吸收器、循环泵、节流阀等部件组成。常用的工作介质有溴化锂-水，用于溴化锂制冷机组，以及以氨-水为工质的氨制冷机。

（2）烟气余热回收

耗能设备浪费能量的主要途径是烟气，锅炉排烟耗能大约为15%，印染行业的定型机、烘干机以及窑炉等，主要耗能都是通过烟气排放。通过某种换热方式将烟气携带的热量转换成可以利用的热量，是烟气余热回收的主要方式。

① 余热回收器（气-水）。热管余热回收器是燃煤、油、气锅炉专用设备，安装在锅炉烟口，回收烟气余热加热生活用水或锅炉补水。图3-9是一种典型的气-水余热回收装置，其下部是烟道，上部为水箱，中间有隔板；顶部有安全阀、压力表、温度表接口，水箱有进出水口和排污口。工作时，烟气流经热管余热回收器烟道冲刷热管下端，热管吸热后将热量传导至上端，热管上端放热将水加热。为了防止堵灰和腐蚀，余热回收器出口烟气温度一般控制在酸的露点温度以上，即燃油、燃煤锅炉排烟温度不低于130℃，燃气锅炉排烟温度不低于100℃。余热回收期的使用可以节约燃料约4%～18%。

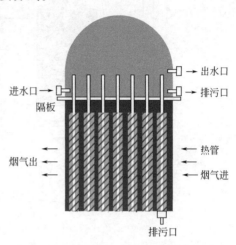

图3-9　气-水余热回收装置

② 热管余热回收器（气-气）。热管余热回收器是燃油、煤、气锅炉专用设备，安装在锅炉烟口或烟道中，将烟气余热回收后加热空气，热空气可用作锅炉助燃和干燥物料。其构造：四周是管箱，中间隔板将两侧通道隔开，热管为全翅片管，单根热管可更换。工作时，高温烟气从左侧通道向上流动冲刷热管，此时热管吸热，烟气放热温度下降。热管将吸收的热量导至右端，冷空气从右侧通道向下逆向冲刷热管，此时热管放热，空气吸热温度升高。为保障余热回收器安全，出口烟气温度不低于酸的露点。

③ 余热氨水吸收制冷。氨水吸收制冷机组是以氨为制冷剂，以水为吸收剂实现溶液循环吸收的制冷机组，由于采用氨作为制冷剂，制冷温度范围为-30～5℃，因此在工业生产中应用范围很广泛。余热回收制冷可以用作空调或工业冷源。

（3）废渣余热回收

在工业生产中，高温加热是许多产品形成的必要过程，如钢锭、钢坯、焦炭、砖瓦陶瓷等，刚出炉的产品及炉渣都含有大量显热可回收利用。现以干法熄焦余热利用技术为例，说明固体所含显热的利用方法。干法熄焦，即在熄焦室中充满温度较低的惰性气体，对赤焦进行冷却，吸热后温度升高的惰性气体被送入余热锅炉作热源，产生的蒸汽可用于工艺需要或发电。

干熄焦工艺流程图如图3-10所示。装满红焦的焦罐车由电机车牵引至提升井架底部。提升机将焦罐提升并横移至干熄炉炉顶。通过料钟式布料器装入装置将焦炭装入干熄炉内。在干熄炉中焦炭与惰性气体直接进行热交换，焦炭被冷却至180℃（设计值）以下，经排焦装置卸到带式输送机上，然后送往筛贮焦系统。

循环风机将冷却焦炭的惰性气体从干熄炉底部的供气装置鼓入干熄炉内，与红热焦炭逆流换热。自干熄炉排出的热循环气体的温度约为900～980℃，经一次除尘器除尘后进入干熄焦锅炉换热，温度降至160～180℃。由锅炉出来的冷循环气体经二次除尘器除尘后，由循环风机加压，再进入干熄炉循环使用。锅炉产生的中温中压蒸汽送往汽轮机发电站进行发电。

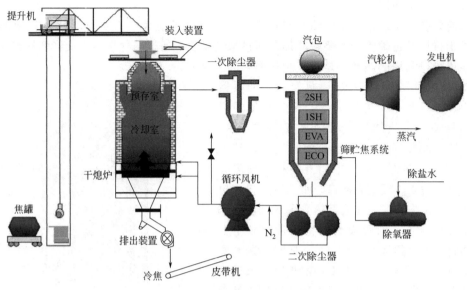

图 3-10　干法熄焦余热利用工艺流程

3.3.3　强化传热换热器在余热回收中的应用

为了最大限度地利用热能和回收余热，国内外学者对换热器的强化传热技术开展了大量的研究，使之结构更紧凑、换热效率更高、运行时流阻更小。下面以强化传热的管壳式换热器为例，其结构发展主要表现在以下三个方面：

① 为了提高管程的对流传热，开发并应用了多种新型高效换热管。换热管主要通过增加流体的湍流度和传热面积来实现强化传热和节能，常用方法是改变传热面的形貌和管内插入物。通过对光孔结构进行加工得到的异型管（也叫强化管），如横纹（槽）管、螺旋槽（纹）管、缩放管、螺纹管、波纹管（波节管）、螺旋扁管、变截面管和翅片管等，如图 3-11 所示，目前已取得了广泛的应用。强化管主要是强化管程的对流传热，但多数

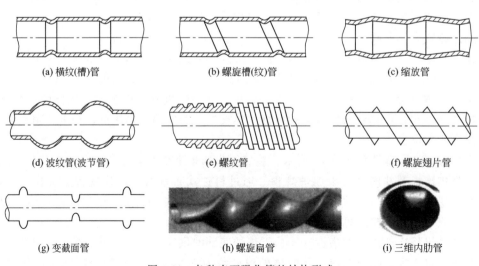

图 3-11　各种表面强化管的结构形式

强化管对壳程的对流传热也有着强化作用，因此根据工况的不同，采用不同组合的强化管与管束支撑，能大幅度提升传热效果。

②　管内插入物的开发和应用。强化流体的换热效果可采用多种方法，但就简易程度而言，管内插入物的应用更为广泛。如纽带、螺旋扭片、静态混合器、螺旋（线）弹簧、波带、丝网和多孔体等，如图 3-12 所示。插入物的工作原理是在换热管中加入一种固定形状的扰流子，与管壁相对固定或随着流体振动的扰流子通过扰动流体流动状态或破坏管壁表面的液体边界层，来实现对流体的强化传热，插入物通常是用来强化管内单相流体传热的，不仅易于装拆、维护简便，而且还能防垢、除垢，能在原有设备不变的前提下改造，实现对流体强化传热。

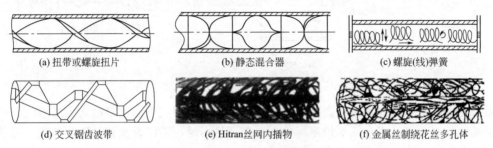

(a) 扭带或螺旋扭片　　(b) 静态混合器　　(c) 螺旋(线)弹簧

(d) 交叉锯齿波带　　(e) Hitran丝网内插物　　(f) 金属丝制绕花丝多孔体

图 3-12　管内插入物的结构形式

③　为了提高换热管束的抗振性能及强化壳程传热，对管束支撑（或折流元件）做了改变，使之能够改变壳程流体的流动方向，由纵向流转变为横向流或螺旋流。管束支撑是提高壳程表面传热系数的关键部件，因为其在换热器壳程中的扰流作用能直接影响壳程的流体流动状态和传热性能。目前国内外管束支撑结构的开发取得了大量成果，如折流杆、空心环、刺孔膜片、整圆形孔板、格栅支撑等，这些新型管束支撑结构换热器的共同特征是：支撑结构对壳程流体的扰动作用能有效地促进流体湍流和强化壳程传热。壳程流体的流向改为轴向冲刷管束，可与管程流体实现完全逆流，增大了有效温差，减少了传热死区，在一定工艺条件下，此类换热器有着流体阻力小、传热效率高、基本消除流体诱导振动、抗结垢能力强的特点。

3.3.4　余热（废热）锅炉——高温余热回收的关键设备

余热锅炉是吸取热源的热量产生一定压力和温度的蒸汽或热水的设备。主要吸收的热源是工业生产过程中产生的余热（如高温烟气余热、化学反应余热、可燃废气余热、高温产品余热等）。

图 3-13 是电炉烟气深度余热回收装置示意图，为了最大限度地回收电炉内排烟（200～1600℃）余热资源，在汽化烟道＋水管式余热锅炉技术的基础上，采取了改造第四孔烟气出口、汽化冷却从水冷滑套到余热锅炉的烟道实现全覆盖、把原来的燃烧沉降室顶部改为汽化冷却壁、更改水管锅炉的冷却方式为快速蒸发冷却、将适宜二噁英生成的温度区间缩短、安装全自动振打清灰系统等优化措施，不仅提升了电炉高温烟气利用率。还确保了除尘、降温、排污的能力，降低了水、电消耗，达到了节能减排、环保达标、降本增效的目的。

余热锅炉的主体结构包括辅助燃烧装置、过热器、对流蒸发受热面和省煤器等。辅助燃烧装置既可以在加热炉管时利用该装置的燃烧继续产生蒸汽，也可以调节由于烟气变化而引起蒸汽的波动，提高供汽的稳定性和可靠性，还可以增加蒸汽量，可根据不同的

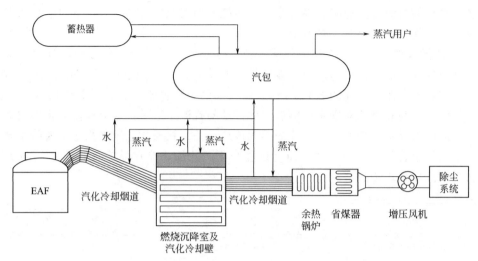

图 3-13　电炉烟气深度余热回收装置示意图

使用情况决定是否设置辅助燃烧装置。对蒸汽量波动和供汽可靠性等因素无要求时，一般不设辅助燃烧装置；当余热锅炉尾部装有空气预热器时，不能设置辅助燃烧装置。当蒸汽用户或全厂管网有过热蒸汽要求时设置过热器。对流蒸发受热面（蒸发器）即余热锅炉本体。省煤器主要降低排烟温度，以充分利用余热，但温度降低使烟气阻力增大，因此当余热锅炉采用自然引风时，不能设置省煤器。

余热载体的种类千差万别，由于成分、特性的不同，余热载体的结构有显著的差异，因而余热锅炉在不同场合也各具特点，结构上也有一定区别。余热锅炉的形式、结构及特点见表3-3。

表 3-3　余热锅炉的形式、结构及特点

分类	形式	结构	特点
按烟气通路分类	壳管式（火管式）	烟气在管内流动,水在管外和壳体之间流动	结构简单,价格低,不易清灰;适用于低压、小容量
	烟道式（水管式）	水在管内流动,烟气在管外流动	结构复杂,耐热、耐压,工作可靠
按水循环方式分类（水管式锅炉）	自然循环式	利用水和汽水混合物密度的差异循环	结构简单
	强制循环式	依靠水泵的扬程而实现强制流动	拥有水量少,结构紧凑,可布置形状特殊的受热面
按传热方式分类（水管式锅炉）	辐射型	只在烟气通路四周壁面设置水冷壁结构	适合于对高温烟气余热回收
	对流型	在烟气通路中设置受热面,靠对流换热	适合于对中、低温烟气余热回收
按受热面型式分类（水管式锅炉）	光滑管型	受热面采用光滑管	这是一种最基本的形式,工作可靠,用途广泛
	翅片管型	受热面采用翅片管	结构紧凑,可使锅炉小型化;但在耐热、积灰、耐腐蚀方面,受到限制

分类	形式	结构	特点
按传热管布置分类（水管式锅炉）	叉排式	传热管相互交叉排列	传热性能好；清灰、维修困难
	顺排式	传热管相互顺排排列	传热性能差；清灰、维修容易
按烟气流动方向分类	平行流动式	烟气平行与传热管流动	传热性能差；受热面磨损少，不易积灰
	垂直流动式	烟气流动方向与传热管相垂直	传热性能好；适用于烟尘含量低的烟气
按受热面构成分类		只有蒸发器	结构简单
		装有蒸发器和省煤器	余热回收量增大
		装有蒸发器、省煤器和过热器	可提高回收蒸汽的品位

思考题

1. 简述能源利用率的主要影响因素。
2. 查阅资料并简述我国工业的余热资源概况及其利用现状。
3. 查阅资料并结合第 3 章内容，简述我国常用的强化传热种类及主要利用方式。
4. 我国电力节能有哪些类型，利用设备有哪些？
5. 简述干法熄焦余热利用的原理及工艺流程。
6. 举例说明还有哪些绿色节能技术应用情况。

参考文献

[1] 胡雅芬，胡勇慧.我国节能环保产业的发展现状与前景展望［M］.北京：社会科学文献出版社，2015.

[2] 高信林.论热力学第二定律分析法［J］.甘肃工业大学学报，1991（01）：28-33.

[3] 孙丽丽.化工过程强化传热［M］.北京：化学工业出版社，2019.

[4] 孙兰义.过程工业能量系统优化：换热网络与蒸汽动力系统［M］.北京：化学工业出版社，2021.

[5] 田瑞峰，刘平安.传热与流体流动的数值计算［M］.哈尔滨：哈尔滨工程大学出版社，2015.

[6] 连红奎，李艳，束光阳子，等.我国工业余热回收利用技术综述［J］.节能技术，2011，29（02）：123-128，133.

第 3 章　过程工业节能及其装备发展

第 **4** 章　现代环保技术及其装备发展

　　解决环境问题要靠先进的技术和优良的装备,环保装备是环境保护技术得以实现的重要基础,是建设资源节约型、环境友好型社会的重要保障,是战略性新兴产业的主要内容之一。

4.1　环保设备分类

4.1.1　环保设备的分类

　　环保设备种类繁多,可以按照设备功能、设备构成和设备性质等形式进行分类,其中按照设备功能分类如图 4-1 所示。

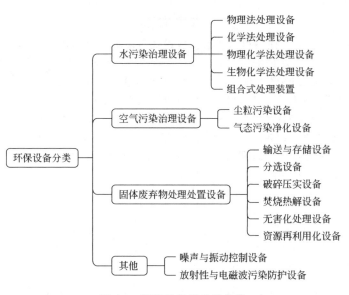

图 4-1　环保设备按功能分类

4.1.2　环保设备的特点

（1）产品体系庞大

　　为了有效治理污染物,环保设备新品种迅速增加,高效率、低能耗的水污染设备、空气污染治理设备、固废处理设备以及其他设备目前已经形成庞大的设备产品体系,且设备之间结构差异性大，配套性强，标准化难。

（2）设备与工艺之间的配套性强

一定的工艺流程对应一定的环保设备，对于具体的环保要求，首先应按照先进性和经济性等原则选择合理的工艺方法，然后结合现场数据进行专门的工艺设计，按照工艺要求结合不同设备的特性，合理选择设备，使系统效益最大化。

（3）设备工作条件差异大

由于污染的来源极其复杂，在处理污染源时需要根据实际工况条件去选取环保设备，部分环保设备需要直接暴露在恶劣的条件中，例如高温天气、潮湿环境，甚至在废水条件下连续工作，如何优化选择与配置环保装备，直接影响处理污染源的效率。

（4）部分设备具有兼用性

由于环保设备的品种多样性、功能多样性，在应用时部分设备可以相互转换，以达到实际处理效果，因此部分环保设备可以应用于其他行业，其他行业的有关机械设备也可用于治理环境污染。

4.2 工业废水处理技术与设备

4.2.1 工业废水来源及水质评价指标

水体污染，即原生态水质遭破坏，导致水体本质属性发生变化，发生严重恶化的现象，间接影响到大气、土壤等，从而影响人们对于水资源的使用。

工业废水来源十分广泛，主要包括化工工程、石油工程、矿山开采、冶金制造、机械加工、造纸工业、纺织工业、印染工业、食品工业、农药及制药等行业。按工业废水中主要污染物，废水分为：无机废水（电镀、矿物加工）、有机废水（化工、食品加工）、混合废水（机械、电子工业）；按废水中污染物的主要成分，可分为：酸性废水、碱性废水、含酚废水、含铬废水、含氰废水、含有机磷废水、放射性废水等；按处理难易程度和危害性，又可分为：易处理危害性小的废水、易生物降解无明显毒性的废水、难生物降解又有毒有害的废水等。

尽管工业废水来源广泛、成分各异，但都必须严格按 GB 8978—1996《污水综合排放标准》来执行。工业水污染常规监测指标主要包括：

① 物理指标：悬浮物（SS）、温度、色度；

② 化学指标：pH 值、化学需氧量（COD）、生化需氧量（BOD）、氮的化合物（氨氮、亚硝酸盐氮、硝酸盐氮）、磷化物（P）、硫化物（S）、其他有毒有害的无机物和有机化合物；

③ 生物指标：大肠杆菌等。

工业上的废水分离通常采用多级处理才能达到排放标准，工业废水处理方法可分为物理处理法、生物处理法、化学处理法、物理化学处理法。

4.2.2 工业废水处理方法及设备

4.2.2.1 物理处理法

工业废水物理处理法是仅利用物理作用而不需要其他技术来达到分离和去除废水中不

溶解的、呈悬浮状态的污染物且不改变废水物理属性的方法。主要工艺有筛滤截留、过滤、沉淀、隔油、重力分离（自然沉淀和上浮离心分离）、气浮、调节等，使用的处理设备和构筑物有格栅和筛网、沉砂池和沉淀池、气浮装置、隔油池、滤筛、滤布等。常见设备及处理对象如表 4-1 所示。

表 4-1　物理处理方法及主要设备表

物理处理方法	主要设备	主要处理对象
截留	格栅	粗大的悬浮物或漂浮物
调节	调节池	水量
沉淀	沉淀池	悬浮物
隔油	隔油池	油类
过滤	滤池、滤筛、滤布	悬浮物、胶体物、油脂类
气浮	浮选池(罐)、溶气罐	油、悬浮物等

① 截留。格栅是污水泵站中最主要的截留设备，一般由一组平行的栅条组成，放置在污水处理系统之前或设在泵站前，用于截留废水中粗大的悬浮物或漂浮物，防止后处理构筑物的管道、阀门或水泵堵塞，并保证后续处理设施能正常运行。

② 调节。调节池的作用是调节水量、均化水质，保证后续的处理系统稳定运行，消除水量和水质的波峰，是一座水位上下浮动的贮水池。

③ 沉淀。用于分离较大的无机颗粒，保护机件免受磨损；并使无机颗粒和有机颗粒分离，便于分别处理和处置。沉淀效果决定于沉淀池中水的流速和水在池中的停留时间。沉淀池的主要形式：平流式沉砂池、曝气沉砂池、竖流沉砂池、多尔沉砂池、钟式沉砂池以及斜板沉淀池（图 4-2）等。

④ 隔油。利用油滴与水的密度差产生上浮作用来分离去除污水中不溶于水的重油、乳化油、油脂等。常用的隔油池主要有平流式隔油池（图 4-3）、平行板式隔油池、波纹板式隔油池等。

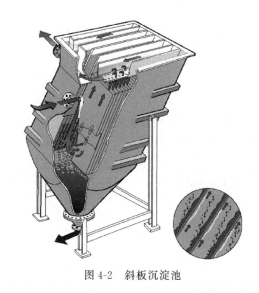

图 4-2　斜板沉淀池

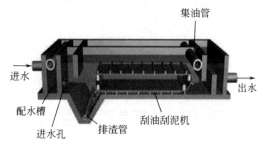

图 4-3　平流式隔油池

⑤ 过滤。实质上是使废水通过具有微细孔道的过滤介质，利用过滤介质的截留、惯性碰撞、筛分等作用，使废水中的污染源被介质阻截，进一步去除废水中的生物絮体和胶体物质，显著降低出水的悬浮物含量。常用的过滤介质有活性炭、焦炭、石砾、铜丝、陶瓷等。

⑥ 气浮。溶气系统在水中产生大量的微细气泡，使空气以高度分散的微小气泡形式附着在悬浮物颗粒上，造成密度小于水的状态，利用浮力原理使其浮在水面上，从而实现自然沉淀难以去除的悬浮物，以及比重接近1的固体颗粒的去除。

4.2.2.2 生物处理法

生物处理法是通过微生物的新陈代谢作用，将废水中有机物的一部分转化为微生物的细胞物质，另一部分转化为比较稳定的化学物质（无机物或简单有机物）的方法。生物处理法的主要优势体现在具有环境友好性，效率高且处理过程中不会引起二次污染。

利用生物处理废水涉及三大要素：微生物、废水中含有机物、具有适合微生物生长的条件。

根据生物处理过程是否需要明显地消耗氧气，把生物处理分成好氧处理和厌氧处理两类。

（1）好氧处理

好氧处理是指在微生物的参与下，在适宜碳氮比、含水率和氧气等条件下，将有机物降解、转化成腐殖质的生化过程。好氧处理又分为活性污泥处理和生物膜处理。

① 活性污泥处理。活性污泥处理是在废水中加入活性污泥，经混匀、曝气，使废水中有机物质被活性污泥吸附、氧化、分解、沉淀，并将污染物在沉淀池中分离出来，从而使废水净化的处理过程。如今，活性污泥处理法及其衍生改良工艺是处理城市污水最广泛使用的方法。它能从废水中去除溶解性和胶体状态的可生化有机物、能被活性污泥吸附的悬浮固体和其他一些物质，同时也能去除一部分磷素和氮素。

如图 4-4 所示，典型的活性污泥法系统主要由初次沉淀池、曝气池、二次沉淀池以及回流污泥系统组成，废水首先通过泵房站空气压缩机传送进入初次沉淀池，使废水形成微细气泡，回流的活性污泥进入曝气池中，增加混合液的溶解含氧量，使液滴发生碰撞，从而加速液滴的融合，呈悬浮状态。经过活性污泥处理后的混合液进入二次沉淀池中，使混合液中悬浮的物质经过沉淀达到分离的目的，最后处理后的废水通过排放系统进行排放。

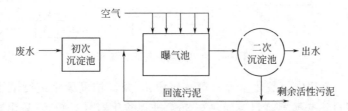

图 4-4 典型活性污泥法工艺过程

② 生物膜法。生物膜法是将废水通过好氧微生物和原生动物、后生动物等在载体填料上生长繁殖形成的生物膜，吸附和降解有机物，使废水得到净化的方法。根据装置的不同，生物膜法可分为生物滤池、生物转盘、接触氧化和生物流化床法四类。在石油和化学工业的废水处理中，应用最多的是接触氧化法。

如图 4-5 所示为生物膜法处理污水的工艺流程图。与活性污泥处理流程不同的是，在生物滤池中常采用出水回流，而基本不会采用污泥回流，因此从二次沉淀池排出的污泥全部作为剩余污泥进入污泥处理流程，进行进一步的处理。

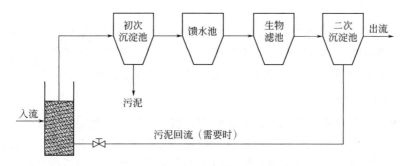

图 4-5　生物膜处理污水工艺流程

（2）厌氧生物处理

厌氧生物处理是在厌氧条件下，形成了厌氧微生物所需要的营养条件和环境条件，通过厌氧菌和兼性细菌的代谢作用，对有机物进行生物降解的过程。图 4-6 为某糖厂采用两相沼气发酵工艺处理糖蜜废水的工艺流程。

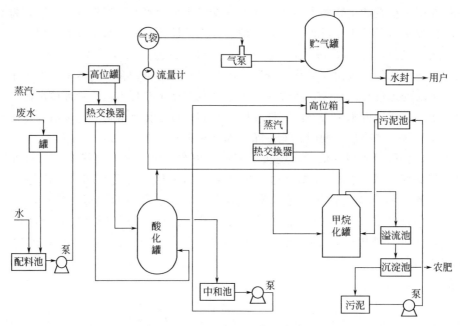

图 4-6　两相厌氧发酵工艺流程

在图 4-6 这一流程中，酸化阶段（第一阶段），将高浓度废水进行适当稀释，用泵打入高位罐，再通过热交换器将料液加热至 36℃进入酸化罐（33℃），酸化罐容积为 30m³。甲烷化阶段（第二阶段），将酸化罐出来的料液经过中和池中和，泵入高位箱，然后通过热交换器加热至 35℃进入甲烷化罐（33℃），罐容积为 100m³。高浓度废水经过综合处理后得到的甲烷气体再回流至贮气罐，而溢流的废水流入污泥沉淀池，上清液作为灌溉水排放。该系统涉及过程工业中的换热过程、反应过程、流体动力过程，相关的设备都是过程装备。生物处理方法主要设备如表 4-2 所示。

过程装备与控制工程专业导论

表 4-2 生物处理方法及设备

方法名称	主要工艺	主要设备	主要处理对象
活性污泥	完全混合式、氧化沟、SBR(批序式活性污泥法)、AO(厌氧-好氧法)、A$_2$O(厌氧-缺氧-好氧法)、氧化塘、人工湿地	曝气池、沉淀池、污泥处理	有机物、硫、氮、磷等
生物膜	生物滤池、接触氧化、生物转盘、	反应池、沉淀器、过滤器	有机物、硫、氮、磷等
厌氧处理	普通厌氧、UASB(升流式厌氧污泥床法)高效厌氧	消化池、厌氧反应器	有机物、氮、磷、硫

4.2.2.3 化学处理

废水化学处理法指的是向含油废水中添加化学药剂，如破乳剂、絮凝剂、酸性试剂、碱性试剂等，改变废水中污染物的化学性质或物理性质，凭借化学作用将废水中的油分聚集、转化或负载于其他介质，如使它从溶解、胶体或悬浮状态转变为沉淀或漂浮状态，或从固态转变为气态，进而将主要污染物从水中除去的处理方法。

废水化学处理的主要方法及设备如表 4-3 所示。根据废水的特点，为了有效地处理含有多种不同性质污染物的废水，可将多种处理法组合应用。

表 4-3 化学处理方法及主要设备

方法	主要设备	主要处理对象
化学中和	中和池、沉淀池	溶解物
化学沉淀	加药装置、沉淀池	溶解无机物
氧化还原	反应罐、沉淀池等	溶解物
ClO$_2$ 氧化	ClO$_2$ 发生器、反应池	消毒、大分子有机物
臭氧消毒	臭氧发生器	消毒、难降解有机物
紫外消毒	紫外灯组、光池	消毒
电解法	电解槽	溶解物

图 4-7 是化学沉淀法处理重金属废水的工艺示意图。化学沉淀法是广泛应用于工业重金属废水处理中的方法，是向水体中投加化学药品，通过沉淀反应去除重金属离子的方法，主要包括氢氧化物沉淀、硫化物沉淀和铁氧体法。目前，应用较广的是铁氧体法，是向重金属废水中投加硫酸亚铁盐，通过控制 pH 值和加热条件等，使废水中的重金属离子与铁盐生成稳定的铁氧体共沉淀物。左明等研究了铁氧体法处理含镍、铬、锌、铜的废水，出水水质指标符合国家污水排放标准，但处理时间较长，温度要求较高（约 70℃），因此不适于处理较大规模的重金属废水，目前常将铁氧体法同其他废水处理方法联合使用。

4.2.2.4 物理化学处理

废水物理化学处理法是指组合运用物理法和化学法处理废水的方法。废水在处理过程中通过混合液相的变化转移达到去除污染物的目的。在实际运用中，物理化学法通常会伴随着化学反应的发生，常见的物理化学处理过程有混凝、吸附、超滤、渗透、电渗析、离子交换过程等，涉及典型的传质过程和设备（如表 4-4）。

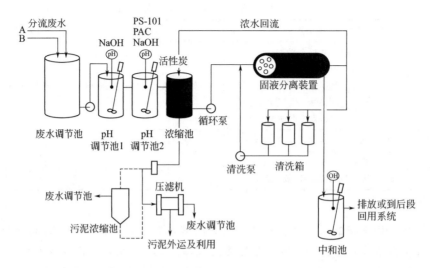

图 4-7　化学沉淀法处理重金属废水工艺示意图

表 4-4　物理化学处理方法及主要设备

方法名称	主要设备	主要处理对象
混凝	阴阳离子交换柱	悬浮物、胶体
吸附	吸附柱(罐)	溶解物
超滤	膜组件、反应器	有机物、无机物
反渗透	渗析器	溶解物
离子交换	离子交换柱(罐)	阴阳离子
电渗析	渗析槽(器)	阴阳离子

（1）吸附

水处理的吸附法是指利用具有吸附能力的多孔性物质去除水体中微量溶解性杂质的一种处理工艺，是一种相界面上的反应。可以发生在气-液、气-固、液-固界面。在水处理中，主要讨论的是液-固界面。根据吸附剂表面吸附力的不同，吸附可分为：物理吸附、化学吸附、离子交换吸附。

（2）超滤

超滤（简称 UF）是以压力为推动力，利用不同孔径超滤膜对液体进行分离的物理筛分过程。其分子切割量（CWCO）一般为 6000 到 50 万，孔径为 $20\sim100nm$。超滤是新兴的水处理技术，随着技术的发展、膜成本的降低，将对水处理产生革命性的影响。

（3）反渗透

反渗透是以压力为驱动力，提高水的压力来克服渗透压，使水穿过功能性的半透膜而除盐净化的方法（图 4-8）。反渗透法也能除去胶体物质，对水的利用率可达 75% 以上。反渗透法产水能力大，操作简便，适合处理工业废水、海水淡化、苦咸处理、工业水循环处理、城市污水资源化等。

（4）离子交换

离子交换法是利用离子交换剂，把水中的离子与离子交换剂中可扩散的离子进行交换

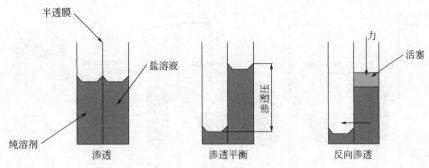

图 4-8 反渗透工艺过程示意图

作用，使水得到软化的方法。天然水通过软化器时，器内的钠型阳离子交换树脂即与水中的钙镁离子置换产出软化水，其残余硬度≤0.03mmol。

（5）电渗析

电渗析法是在外加直流电场的作用下，利用阴、阳离子交换膜对水中离子进行选择透过，使水中阴、阳离子分别通过阴、阳离子交换膜向阳极和阴极移动（图4-9）。电渗析法操作压力相对较低、膜污染小、膜材料价格较低，尤在制备纯水和在环境保护中处理三废领域应用最广，例如用于酸碱回收、电镀废液处理。

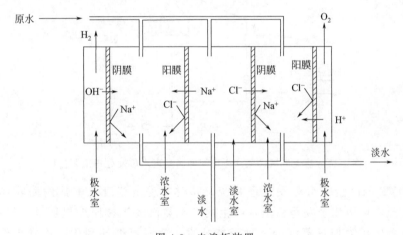

图 4-9 电渗析装置

4.2.2.5 工业废水处理及设备实例

（1）工业高盐废水蒸发处理及设备

高盐废水是工业废水中处理难度较大的一类废水。高盐工业废水指的是总含盐质量分数≥1%的废水，主要来自印染、炼化、采油、制药和制盐等生产过程中产生的排水，所含盐类主要包括 Cl^-、SO_4^{2-}、Na^+、Ca^{2+}、Mg^{2+} 等物质。我国高盐废水产水量占总废水量的 5%，且每年以 2%的速度增长，高盐工业废水如果直接或者稀释外排，不仅会造成水资源浪费，还会造成严重的环境问题。目前，高盐废水处理工艺有蒸发技术、膜处理法、生物法、MBR（膜生物反应器法）等，根据废水的性质，可以是一种或几种方法的组合。

蒸发是高盐废水的常用技术，包括传统的低温多效蒸发处理系统（图4-10）和基于机械式蒸汽再压缩（MVR）的蒸发处理系统（图4-11）。

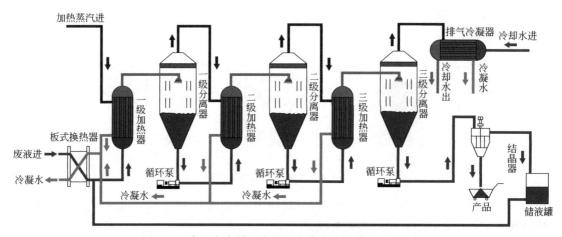

图 4-10 高盐废水低温多效板式蒸发浓缩脱盐工艺流程

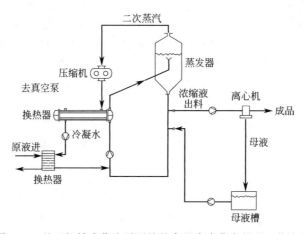

图 4-11 基于机械式蒸汽再压缩的高盐废水蒸发处理工艺流程

　　基于 MVR 的高盐废水蒸发处理系统，同时实现高盐废水中盐的回收和废水的净化。机械式蒸汽再压缩蒸发是将蒸发产生的二次蒸汽经机械压缩机压缩，提高温度后，再返回蒸发器中作为加热蒸汽的一种节能技术，蒸汽可循环利用，正常工作时不需要外界提供加热蒸汽，相较于传统的多效蒸发系统（图 4-10）更节能。预处理后的含盐废水（原液）与温度较高的冷凝水进行热量交换后，进入换热器，在吸收压缩后的二次蒸汽冷凝释放的潜热后发生蒸发，产生的蒸汽进入蒸发器，除去夹带的含盐水液滴后，进入压缩机压缩，得到较高的温度和压力的压缩二次蒸汽，随后进入换热器内放出潜热供换热器内的含盐水蒸发。如此构成了二次蒸汽的不断循环和潜热交换，通过机械式蒸汽再压缩蒸发对产生的二次蒸汽进行机械压缩再利用，相对于传统的多效蒸发，流程更短、更节能。

　　上述两个高盐废水的处理系统涉及到热量传递过程、质量传递过程、流体动力过程等基本过程。

　　(2) 石油废水处理及设备

　　在石化企业生产过程中，会产生被油污染的蒸汽冷凝水，温度较高（通常在 80℃ 以上），水中所含油的分散程度也较高，且含油量很不稳定，这就涉及含油废水的处理。中国石油克拉玛依石化分公司从节水节能角度出发，向社会征集处理方案，形成了如图 4-12 所示的冷凝水处理方案。

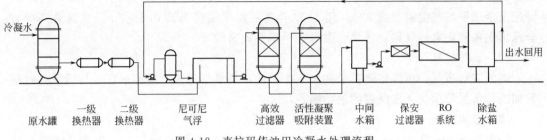

图 4-12　克拉玛依油田冷凝水处理流程

冷凝水先进入原水罐（可利用现有水罐），在此进行水质稳定和调节。为了浮渣和沉淀物清理方便，在罐体设计上，罐顶部考虑了除浮渣措施，在罐底考虑了清除沉渣的措施。同时，为了使进水不干扰污水沉淀分离效果，罐内进水管考虑均匀布水措施并采取水中进水方式，以尽量减少扰动。出水从罐中部引出，以减轻换热器等后续处理设施的堵塞。原水罐出水进入两级换热器（可根据厂方实际情况具体使用），使水温降至 40℃ 以下，出水进入尼可尼气浮装置。为增加气浮效果，污水进入气浮装置时，同时加入高分子助凝剂，以确保气浮效果稳定、高效。气浮出水再进入高效过滤器。该装置介质由专门具有去除悬浮物和油类物质且便于冲洗的材料组成，由于对水中悬浮物及油类物质的挤压和凝聚过滤作用，使得油的去除有明显的效果。然后出水再进入活性凝聚吸附装置，该装置是在活性炭过滤的基础上研发的一种新型活性炭过滤装置，其特点是运用纤维活性炭并经过一定的处理，使之增加对水中油和其他物质的凝聚和吸附性能，从而提高了除油效果，出水含油可保证在 0.5mg/L 以下。然后，出水在经过保安过滤器（5～10μm）后进入反渗透装置，其出水可回用于冷凝水系统或其他系统。

该系统是由几个基本过程及其过程装备构成，包括：传热过程（一级换热器、二级换热器）、传质过程（RO 系统、活性凝聚吸附、保安过滤器）、流体动力过程（泵）等。

4.3　工业废气处理技术与设备

4.3.1　工业废气处理概述

工业废气，是指企业厂区内燃料燃烧和生产过程中产生并排入空气的、含有污染物的各种气体的总称。这些工业废气的主要组成为：二氧化碳、二硫化碳、硫化氢、氟化物、氮氧化物、氯、氯化氢、一氧化碳、硫酸（雾）、铅（粉尘）、汞、铍化物、烟尘及生产性粉尘等，排入大气，会污染空气。

从形态上分析，工业废气可分为：

① 颗粒性废气。此类污染物主要是生产过程中产生的具有污染性质的烟尘，其主要来源场所有：水泥厂、重型工业材料生产厂、重金属制造厂以及化工厂等。

② 气态性废气。此类污染物是工业废气中种类最多也是危害性最大的。目前气体性废气主要有含氮有机废气、含硫废气以及碳氢有机废气。

工业废气进入环境，通常会造成如下影响：

（1）温室效应

大气中二氧化碳、甲烷和氮氧化合物的含量升高，热外流受到阻碍，从而导致地表温度升高，这种现象称为温室效应。在过去 100 多年内全球平均气温升高了 0.6℃，预计 21 世纪末全球平均气温将升高 3℃，到 2100 年世界海平面将升高 0.6～2m。气温升高导致全球出现各种灾害性气候，台风、洪水、干旱等灾害频发。

（2）破坏臭氧层

碳氢有机废气、氯氟烃等扩散到大气中，会对臭氧层造成严重的破坏，导致紫外线辐射加剧，增加传染病和皮肤癌的患病率。

（3）形成酸雨

酸雨是指 pH 值小于 5.6 的酸性降水。SO_2 和 NO_x 在强光照射下发生光化学氧化作用，并与水汽结合形成弱硫酸和弱硝酸，导致雨水呈酸性。

工业废气常用处理原理有：活性炭吸附法、催化燃烧法、催化氧化法、酸碱中和法、等离子法和生物处理法等。

4.3.2 废气处理技术及装备实例

（1）燃煤电厂锅炉烟气处理技术及设备

据统计，2020 年我国能源结构中，燃煤发电占比为 57%。煤炭燃烧过程中会产生大量含有硫和硝的废气，这些废气如果直接排入大气，会造成污染形成酸雨，火电厂需要建设脱硫脱硝系统对废气进行处理。

① 脱硫阶段。目前，强制氧化工艺已成为优先选择的脱硫工艺，典型的石灰石/石膏湿法烟气脱硫装置流程如图 4-13 所示。从除尘器出来的烟气要先经过热交换器，后进入吸收塔，在吸收塔里，SO_2 直接和磨细的石灰石悬浮液接触并被吸收去除。新鲜的石灰

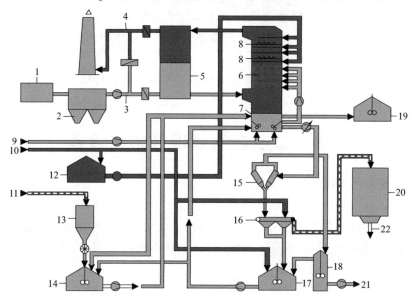

图 4-13　石灰石/石膏湿法烟气脱硫装置流程图

1—锅炉；2—电力除尘器；3—待净化烟气；4—净化烟气；5—气/气换热器；6—吸收塔；
7—浆液槽；8—除雾器；9—氧化用空气；10—工艺过程用水；11—粉状石灰石；12—水箱；
13—粉状石灰石贮仓；14—石灰石中和剂贮箱；15—水力旋流分离器；16—皮带过滤机；
17—中间贮箱；18—溢流贮箱；19—维修用塔槽贮箱；20—石膏贮仓；21—溢流废水；22—石膏

石浆液被不断地加入到吸收塔底部的持液槽中，被洗涤后的烟气通过除雾器和换热器，然后通过烟仓被排放到大气中。塔中取出的反应产物被送去脱水或进一步处理。目前，国际上强制氧化工艺的操作可靠性已达 99% 以上，已成为 FGD 中的主流。

② 烟气脱硝阶段。由于炉内低氮燃烧技术存在一定的局限性，使得 NO_x 的排放不能令人满意，为了进一步降低 NO_x 的排放，必须对燃烧后的烟气进行脱硝处理。常用的烟气脱硝工艺大致可分为三类：干法、半干法和湿法。干法包括选择性非催化还原法（SNCR）、选择性催化还原法（SCR）、电子束联合脱硫脱硝法；半干法有活性炭联合脱硫脱硝法；湿法有臭氧氧化吸收法等。

选择性催化还原脱硝技术（SCR）是一种炉后脱硝方法，它是利用还原剂（NH_3、尿素）在金属催化剂作用下，选择性地与 NO_x 反应生成 N_2 和 H_2O，而不是被 O_2 氧化的原理（图 4-14），故称为"选择性"。世界上流行的 SCR 工艺主要有两种：氨法 SCR 和尿素法 SCR_2。该技术的优点是：脱硝效率高，价格相对低廉，成为电站烟气脱硝的主流技术。缺点是：燃料中含有硫的化合物，燃烧过程中

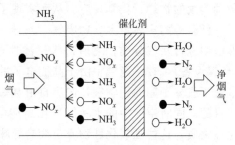

图 4-14 SCR 脱硝化学反应原理

可生成一定量的 SO_3。添加催化剂后，在有氧条件下，SO_3 的生成量大幅增加，并与过量的 NH_3 生成 NH_4HSO_4。NH_4HSO_4 具有腐蚀性和黏性，可导致尾部烟道设备损坏。虽然 SO_3 的生成量有限，但其造成的影响不可低估。另外，催化剂中毒现象也不容忽视。

目前，典型的 SCR-液氨脱硝工艺流程如图 4-15 所示，由氨/空气混合器来的稀释氨气通过喷氨格栅的多个喷嘴喷入烟气里，目的是促进氨和烟气的充分混合，以保证氨浓度的均匀分配，在 SCR 反应器催化剂的作用下，NH_3 和 NO_x 发生反应，脱除 NO_x，烟气经过脱硝后经空气预热器回收进入除尘器系统，处理后排入大气。

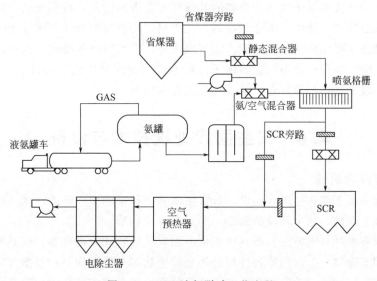

图 4-15 SCR-液氨脱硝工艺流程

在烟气脱硫脱硝处理系统中，通常涉及到质量传递、热量传递、动量传递、流体动力、热力和化学反应等六大典型过程及设备。

（2）低温等离子体技术及设备

低温等离子体属第四态物质，是继固态、液态和气态之后的物质第四态，当外加电压达到或超过气体放电电压时，气体会发生击穿，产生离子、原子、电子和自由基等混合物质。之所以称为低温等离子体，是因为在释放过程中，电子温度已经很高了，而重粒子温度则较低，所以整个装置都处于低温状态。低温等离子体分解废气污染的基本原理是：通过高能离子、自由基和化学活性颗粒对废气中的污染物质进行分解、反应，并同时伴随着各种连续的物理、化学反应，从而实现了污染物在很短时间内迅速分解。

低温等离子体技术处理废气时，异味气体被气体收集系统采集后首先进入除雾器和喷淋塔中进行水气分离，之后进入过滤器进行二次分离，然后再进入等离子体反应器单元（环保设备），在该区域中由于高能电子的作用，异味分子之间会发生相互运动，打断了带电粒子或分子间的化学键，产生自由基等活性粒子，这些活性粒子和 O_2 反应达到消除异味目的。同时空气中的水和氧气在高能电子撞击下也会产生 OH 自由基、活性氧等强氧化性物质，这些强氧化性物质也会与异味分子反应，使其分解，从而促进异味消除，最终净化后的气体经排气管排放至大气中，达到消除废气的目的。低温等离子体有机废气装置如图 4-16 所示。

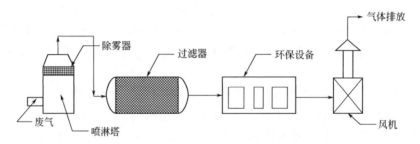

图 4-16　低温等离子体有机废气装置

低温等离子体技术对于废气污染物的处理具有显著的优势，特别是在介质阻挡放电过程中产生的低温等离子体中，电子能量高，几乎可以将所有的异味气体分子降解；同时低温等离子体设备具有结构简单、节能、空气阻力小、维修方便等特点。而且随着工业经济的健康发展，废气处理行业中低温等离子体技术应用越来越广泛，如石油、污水处理厂、油漆、印刷和垃圾处理厂等行业，治理效果也非常明显。

4.4　工业固废处理技术与设备

4.4.1　固体废物概述

固体废物是指人类在生产、建设、日常生活和其他活动中产生的，在一定时间和地点无法利用而被丢弃的，污染环境的固态、半固态废弃物质。

固体废物有多种分类方法，按其组成可分为有机废物和无机废物；按其形态可分为固态废物、半固态废物；按其污染特性可分为危险废物和一般废物等；根据《中华人民共和国固体废物污染环境防治法》可分为城市生活垃圾、工业固体废物和危险废物。

工业固体废物包括：选矿产生的尾矿；冶金过程中产生的高炉渣、钢渣、轧钢、铁合金渣以及铝工业固体废物等；化学工业产生的无机盐、氯碱、磷肥、氮肥、纯碱、硫酸、有机原料、染料以及感光材料等；其他工业产生的如煤矸石、粉煤灰、水泥厂窑灰及放射性废物。

不同种类的固体废物，由于成分、特性及其价值不同，处理方法也不相同。

4.4.2 工业固体废弃物处理技术

工业固体废弃物处理技术通常是指通过物理、化学、生物、物化及生化方法把固体废物转化为适于运输、贮存、利用或处置的物质的过程。

（1）固体废物的破碎和分选技术

固体废物在进行资源回收利用时，也需要破碎、分选等处理过程。例如从塑料导线中回收铜材料，首先要把塑料包皮切开，将塑料与铜导线分离开，再把分开后的塑料进行破碎、再生造粒，这样就实现了铜和塑料可持续性发展。预处理主要包括对固体废物进行压实、破碎、分选等单元操作技术。

（2）有机废物好氧生物处理技术

好氧生物处理技术是指在微生物的参与下，在合适的碳氮比、含水率以及提供充足的游离氧的条件下，将有机物进行降解，最终达到稳定的一种对自然环境无害化的处理方法。好氧生物处理技术通常包括好氧堆肥以及生物干化。其中，好氧堆肥是利用自然界广泛分布的细菌、真菌、放线菌等微生物以及人工培养的工程菌等，在一定的人工条件下，有控制地促进可降解有机物向稳定的腐殖质转化的过程。而泥中散失的水分，最终生成具有较低含水率的干化污泥。生物干化技术的生物代谢过程与好氧堆肥的高温发酵阶段类似，主要区别在于生物干化以降低污泥含水率为目标，而堆肥处理则以有机物稳定与腐熟为主。生物干化的产物一般不以土地利用为目的，可用于填埋、焚烧、气化等，因此不需要达到高度腐熟，对保持高温时间和腐熟期也并无严格要求。

（3）有机废物厌氧发酵技术

在厌氧条件下，有机废物经过微生物发酵分解可产生甲烷和二氧化碳，即沼气，同时实现有机物的无害化和稳定化。固体废物的沼气化处理，是实现固体废物无害化、减容化和资源化的有效方法之一。

（4）机械生物处理及垃圾综合处理技术

机械生物处理（mechanical biological treatment，MBT）是针对混合垃圾或分类收集后的剩余垃圾的处理技术。机械生物处理是采用机械或其他物理方法（切割、粉碎或分拣等）与生物工艺（好氧或厌氧发酵）相结合，对废物中的可生物降解组分进行处理和转化，并达到稳定化的过程。通过 MBT 处理，大约 95% 的可降解总有机碳和 86% 的非纤维素碳水化合物能得到转化。

机械生物处理是为了减少垃圾质量、体积和后续处理中对环境的影响，如减少填埋过程中产生的填埋气体、渗滤液，同时减少占地空间，便于填埋作业，还可以分选出可以回收的物质，以及生产 RDF（垃圾衍生燃料）等。

（5）焚烧处理

焚烧法是一种高温热处理技术，废物中的有害有毒物质在高温下氧化、热解，是一种可同时实现废物无害化、减量化、资源化的处理技术，最大限度地减容并尽量减少新的污染物质产生，避免造成二次污染。对于大、中型的废物焚烧厂，能同时实现使废物减量、彻底焚毁废物中的毒性物质以及回收利用焚烧产生的废热这三个目的。

（6）热解处理

热解，工业上也称为干馏，在无氧或缺氧状态下将有机物进行加热，使之分解为以氢气、一氧化碳、甲烷等低分子碳氢化合物为主的可燃性气体；在常温下为液态的，包括乙酸、丙酮、甲醇等化合物在内的燃料油；纯碳与玻璃、金属、砂土等混合形成的炭黑。

固体废物的热解与焚烧相比有以下优点：

ⅰ.固体废物中的有机物可以转化为燃料气、燃料油和炭黑等贮存性能源；

ⅱ.由于是缺氧分解，排气量少，有利于减轻对大气环境的二次污染；

ⅲ.废物中的硫、重金属等有害成分大部分被固定在炭黑中；

ⅳ.由于保持还原条件，Cr^{3+} 不会转化为 Cr^{6+}；

ⅴ.NO_x 的产生量少。

（7）水泥窑协同处置

中国是水泥生产和消费大国，受资源、能源与环境等因素的限制，水泥工业必须走可持续发展的道路。解决大量生活垃圾与工业废物处理需求与水泥工业对于原料需求的办法有两种。

① 利用焚烧炉焚烧工业固体废物和生活垃圾，再将焚烧后的炉灰用作水泥生产的原材料，通过配料计算加入原料中，来烧制水泥熟料。

② 在水泥窑中焚烧工业固体废物或生活垃圾，水泥生产过程既用作固体废物焚烧，又进行水泥熟料烧成，同时焚烧灰又可以作水泥原料。

水泥窑可以处理的废物包括生活垃圾，各种污泥（下水道污泥、造纸厂污泥、河道污泥、污水处理厂污泥等），工业固体废物（粉煤灰、高炉矿渣、煤矸石、硅藻土、废石膏等），工业危险废物，各种有机废物（废轮胎、废橡胶、废塑料、废油等）。水泥窑之所以能够成为废物的处理方式，主要是因为废物能够为水泥生产所用，可以以二次原料和二次燃料的形式参与水泥熟料的煅烧过程，二次燃料通过燃烧放热把热量供给水泥煅烧过程，而燃烧残渣则作为原料通过煅烧时的固-液相反应进入熟料主要矿物，燃烧产生的废气和粉尘通过高效收尘设备净化后排入大气，收集到的粉尘则循环利用，既生产了熟料又将废弃物进行合理的处置，同时起到了减少环境负荷的良好效果。

水泥窑处置废物的特点与优势：

ⅰ.焚烧温度高，能够彻底"摧毁"有毒有害成分；

ⅱ.焚烧停留时间长，有利于废物的彻底燃烧和分解；

ⅲ.焚烧状态稳定，不会因为废物投入量和性质的变化，造成大的温度波动；

ⅳ.水泥窑内高温气体与物料流动方向相反，湍流强烈，有利于气固相的充分混合、传热、传质、分解、化合、扩散；

ⅴ.窑内碱性环境气氛，有利于抑制酸性物质的排放，便于尾气净化；

ⅵ.无废渣排出；

ⅶ.燃烧后的重金属被固化在水泥中，避免了重金属的再度扩散；

ⅷ.减少了社会总体废气排放量；

ⅸ.废气处理效果好，水泥工业烧成系统和废气处理系统，使燃烧之后的废气经过较长的路径和良好的冷却以及收尘设备，有着较高的吸附、沉降和收尘作用，收集的粉尘经过输送系统返回原料制备系统可以重新利用；

ⅹ.相对于新建焚烧厂，建设投资小、运行成本低。

尽管利用水泥窑处理废物具有上述的优点，但也有一定的局限性，需要注意以下几个技术方面的问题：对水泥质量的影响、污染物排放是否达标、增加预处理设施、需要配备化验（测量）和安全设备。

（8）危险废物的固化/稳定化

尽管科学技术发展到较高的水平，可在工业生产和废物管理的过程中，特别是废水废气治理过程中仍然会产生不同数量和状态的危险废物，包括半固体状的残渣、污泥和浓缩液等，必须加以无害化处理，在处置时方能实现对环境的无害化。目前所采用的方法是将这些危险废物变成高度不溶性的稳定物质，即固化/稳定化。

危险废物固化/稳定化处理的目的，是使危险废物中的所有污染组分呈现化学惰性或被包容起来，以便运输、利用和处置。在一般情况下，稳定化过程是选用适当的添加剂与废物混合，以降低废物的毒性和减小污染物自废物到生态圈的迁移率。因而，它是一种将污染物全部或部分地固定于支持介质、黏结剂或其他形式的添加剂上的方法。固化过程是利用添加剂改变废物的工程特性（例如渗透性、可压缩性和强度等）的过程。

通常，危险废物固化/稳定化的途径是：

ⅰ.将污染物进行化学转变，引入到某种稳定固体物质的晶格中去；

ⅱ.通过物理过程把污染物直接掺入到惰性基材中去。

稳定化方法主要包括下列几种：水泥固化、石灰固化、塑性材料固化、有机聚合物固化、自胶结固化、熔融固化（玻璃固化）和陶瓷固化。

4.4.3 工业固废处理技术及装备实例

（1）煤矸石预处理系统及设备

煤矸石是我国排放量最大的工业固体废物之一，煤矸石若长期存放，不仅占用大量土地资源，而且其中含有的硫化物逸出或浸出，会污染大气、土壤和水质；煤矸石自燃时，会排放大量的有毒有害气体，污染大气环境。大力发展煤矸石综合利用不仅可以增加企业的经济效益，还可以改善煤炭产业的产品结构。因此，煤矸石的多用途研究始终是资源化利用的重点研究内容之一。

煤矸石中混有一定数量的煤炭，可以利用现有的选煤技术加以回收，这也是对煤矸石进行综合利用时必要的预处理环节。尤其是在用煤矸石生产水泥、陶瓷、砖瓦和轻骨料等建筑材料时，如预先洗选煤矸石中的煤炭，对保证煤矸石建筑材料的产品质量、稳定生产操作都是有益的。图4-17是煤矸石利用过程中洗选部分的工艺流程。

加入水后的煤矸石基于重度的不同，在旋流器被分离成水煤混合液和矸石，水煤混合液再经过脱水和旋流分离，得到煤和水，分离出来的水进入循环回用。该系统主要涉及动量传递过程和流体动力过程，涉及的过程装备包括两类旋流器、脱水筛、离心机、输送泵及管路。

（2）危险废物焚烧系统及设备

焚烧是处理危险废物的一种方式。图4-18为某危险废物焚烧系统工艺流程，该焚烧项目采用回转窑焚烧炉。废物在回转窑（950~1100℃）内燃烧，经过二级燃烧室（1100~1200℃）内燃烧，同时保证烟气在二燃室的停留时间大于2s，以充分分解有害物质；高温烟气经余热锅炉以副产蒸汽的形式回收部分热能；回收热能后的烟气进入烟气洗涤系统除去酸性物质，再注入活性炭吸附烟气中的二噁英，进入布袋除尘器，最后经引风机、烟囱排入大气。危险废物回转窑焚烧处理工艺包含废物预处理系统、

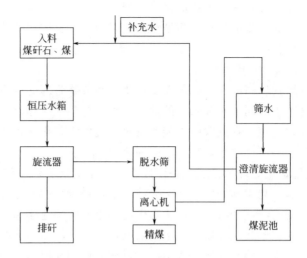

图 4-17　煤矸石利用过程的洗选流程

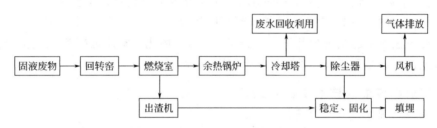

图 4-18　危险废物焚烧工艺流程图

焚烧系统及烟气处理系统等三个部分。废物预处理系统包括废物的预处理和进料工序；焚烧系统由回转窑和二燃室及出渣系统组成；烟气处理系统由急冷、烟气洗涤系统和除尘设备组成。

　　该危险废物焚烧系统涉及反应过程（焚烧回转窑、二燃室）、传热过程（余热锅炉、冷却塔）、传质过程（余热锅炉）、流动过程（布袋设备、风机）。

　　（3）混合废电池回收技术及设备

　　电池中含有大量有害成分，当其未经妥善处置而进入环境后，会对环境和人体健康造成威胁。而废电池内部又含有大量的可再生资源，如果回收利用，可以节省大量的资源。因此，各国都大力提倡开发环境无害化的废电池综合利用技术。

　　瑞士 Recytec 公司利用火法冶金和湿法冶金相结合的方法，处理不分拣的混合废电池，并分别回收其中的各种重金属，图 4-19 为处理流程。首先，将混合废电池在 600～650℃的负压条件下进行热处理；热处理产生的废气经过冷凝，其中的大部分组分转化成冷凝液，冷凝液经过离心分离为三部分，即含有氯化铵的水、液态有机废物、废油以及汞和镉；废水用铝进行置换沉淀去除其中含有的微量汞后，或进入其他过程处理，或通过蒸发进行回收；从冷凝装置出来的废气通过水洗后进行二次燃烧以去除其中大部分的有机成分，然后通过活性炭吸附后排入大气。洗涤废水中所含的微量汞同样进行置换沉淀去除后排放。

　　热处理剩下的固体物质首先要进行破碎，然后在室温至 50℃的温度下水洗，这使

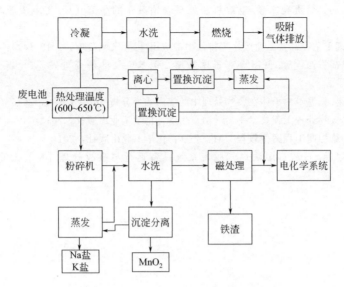

图 4-19　Recytec 废电池处理流程

得其在水中形成氧化锰悬浮物，同时溶解锂盐、钠盐和钾盐。清洗水经过沉淀去除氧化锰（其中含有微量的锌、石墨和铁），然后通过蒸发、部分结晶回收碱金属（锂、钠和钾）盐。废水进入其他过程处理，剩余固体通过磁处理回收铁和镍。最终的剩余固体进入电化学工艺系统中。这些固体是混合废电池中富含金属的部分，主要有锌、镉、铜、镍以及银等贵金属，还有微量的铁和它的二价盐。在这一系统中，首先通过磁分离去除含铁组分，非铁金属利用氟硼酸进行电解沉积。不同的金属用不同的电解沉积方法分离回收，每种方法有它自己的运行参数。酸在整个系统中循环使用，沉渣用电化学处理以去除其中的氧化锰。整个过程没有二次废物产生，水和酸闭路循环，废电池组分的 95% 被回收。

　　该系统涉及传热过程（冷凝）、反应过程（燃烧、热处理）、传质过程（蒸发、吸附）、流动过程（离心、沉淀）、动量过程（粉碎）等典型过程和设备。

思考题

　　1.举例说明你所了解的废水、废气、固废的来源，并指出它们可能带来的危害？

　　2.结合所学，查阅资料并分析一个废水、废气和固废处理的案例，了解被处理对象的特点及处理基本原理，着重分析该系统主要涉及的学科知识和系统装备构成。

　　3.查阅资料，从环保产业的整体或某类废水/废气/固废，了解未来环保技术及其装备的发展趋势。

参考文献

[1]　王爱民，张云新.环保设备及应用 [M].2 版.北京：化学工业出版社，2010.
[2]　王长青，张西华，宁朋歌，等.含油废水处理工艺研究进展及展望 [J].化工进展，2021，40（1）：451-462.
[3]　潘涛.废水污染控制技术手册 [M].北京：化学工业出版社，2013.
[4]　刘宏.环保设备：原理·设计·应用 [M].4 版.北京：化学工业出版社，2019.
[5]　李俊，李芬芬，何彩彩，等.生物处理技术去除难降解有机物的研究进展 [J].应用化工，2022，51（2）：547-550.
[6]　杨晓杰.化学工艺在废水处理中的应用 [J].化工设计通讯，2020，46（5）：241-242.

[7] 邓永光，叶恒朋，黎贵亮，等.电渗析法处理含铬废水的研究 [J].工业安全与环保，2013，39 (1)：35-37.

[8] 高云霄.膜处理工艺在高盐工业废水零排放中的应用 [J].区域治理，2019 (44)：131-133，166.

[9] 冯燕，李茹，胡旌钰，等.低温等离子体处理二甲苯废气的研究进展 [J].当代化工，2022，51 (2)：413-417.

[10] 张东年，冯翀.低温等离子体在废气处理中的应用效果分析 [J].科技风，2015 (24)：35.

[11] 聂永丰.固体废物处理工程技术手册 [M].北京：化学工业出版社，2013.

[12] 潘琼.大气污染控制工程案例教程 [M].北京：化学工业出版社，2014.

[13] 卢啸风，饶思泽.石灰石湿法烟气脱硫系统设备运行与事故处理 [M].北京：中国电力出版社，2009.

第**5**章　新能源及其装备发展

　　能源是可以直接或经转换后提供人类所需的光、热、动力等形式能量的载能体资源，是人类生存和发展的重要物质基础，是从事各种经济活动的原动力，也是社会经济发展水平的重要标志。当前，全球能源危机日渐明显，开发新能源成为当前和今后解决能源危机的重要途径。1981年联合国新能源及可再生能源会议对新能源的定义为：以新技术和新材料为基础，使传统的可再生能源得到现代化的开发和利用，用取之不尽、周而复始的可再生能源取代资源有限、对环境有污染的化石能源，重点开发太阳能、风能、生物质能、潮汐能、地热能、氢能和核能。而任何一种新能源的开发利用及工业化都离不开过程装备，本章重点介绍几种重要的新能源技术及相关的装备发展。

5.1　火力发电过程与装备

5.1.1　火力发电基本原理

　　火力发电系统是一种典型的过程装备成套系统，从瓦特发明蒸汽机开始，便促使能源结构从薪柴转向煤炭，大型过程装备制造技术（焊接、压力成型等）的发展以及环保要求的提高，促使火力发电向大型化发展，先进过程装备技术在其中发挥关键的作用。

　　如图5-1所示，火力发电过程是一个典型的能量转换过程，是以水为介质，通过燃料燃烧释放出热量（燃料化学能→热能），将水转换成水蒸气（燃料释放出的热能将水加热为高温蒸汽），蒸汽推动汽轮机高速转动（热能→机械能），进而带动发电机发电（机械能→电能）。上述过程涉及到流体动力过程、热量传递过程、质量传递过程、动量传递过程、热力过程和化学反应过程。

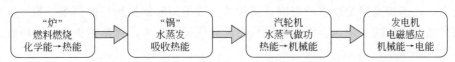

图 5-1　火力发电厂发电流程示意图

　　图5-2为火力发电设备的热力系统示意图。如图所示的系统，锅炉的工作介质为水，由给水泵10压送，经高压加热器11加热后送进锅炉，在锅炉的省煤器内进一步加热，然后在水冷壁中蒸发成饱和蒸汽，后者在过热器内加热为温度较高的过热蒸汽，再由管道（主蒸汽管）送往汽轮机2。汽轮机2和发电机3由联轴器相互连接，发电机转子在旋转过程中即实现机械能向电能的转换，并通过发电厂内的变压器和输电线路向外界输送电

力。过热蒸汽进入汽轮机的状态参数，称为初参数，以压力 p_0 和温度 t_0 表示。

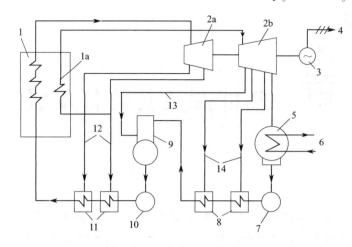

图 5-2　火力发电设备的热力系统

1—锅炉；2—汽轮机；3—发电机；4—电能输出；5—凝汽器；6—循环冷却水系统；7—凝结水泵；
8—低压加热器；9—除氧器；10—给水泵；11—高压加热器；12～14—透平机回热抽汽；
1a—再热器；2a—透平机高压缸；2b—透平机中、低压缸

蒸汽在汽轮机内通过多级叶片做功后，压力和温度逐渐下降，从汽轮机排出时，压力和温度大体为 $p=0.004\sim0.008\mathrm{MPa}$，$t_2=28\sim40℃$。为回收这些纯度很高的蒸汽，在锅炉给水形成闭式热力循环，专门设置一个凝汽器 5。汽轮机排汽在凝汽器内被冷却水（习惯上也称循环水）冷却凝结。温度很低的凝结水由凝结水泵 7 送入低压加热器 8（图中示出一组，在大型火力发电设备中一般为多组）加热后进入除氧器 9，在其中用加热法除去凝结水中可能存在的氧气，以避免管道、锅炉和高压加热器等设备发生腐蚀现象。经除氧后的水由给水泵输送经高压加热器（组）11 进一步加热提高温度后送入锅炉，作为锅炉的给水，实现系统内的汽水循环。

进入汽轮机的蒸汽所拥有的热能，一部分转变为汽轮机的机械能，并进一步转换为发电机的输出电能。但汽轮机的排汽所拥有的热能在凝汽器内传递给（循环）冷却水，并向周围环境散失，是一种能量损失，称为冷源热损失。这一损失的大小是影响火力发电设备热效率高低的关键因素。这一损失的数值和所占的比例越大，发电设备的热效率就越低，发电所需燃料耗量也就越大。

在进入汽轮机的蒸汽中，有一部分做过功后从汽轮机中抽出（图 5-2 中 12～14），分别供给高压加热器、除氧器和低压加热器作为回热抽汽，以加热汽轮机凝汽器的凝结水和锅炉给水，逐步提高锅炉给水的温度，减少其在锅炉内部加热所耗的热量。另一方面，汽轮机的回热抽汽可减少进入凝汽器的排汽量及其热量，减少冷源热损失，因而可提高发电设备的循环热效率。

5.1.2　火力发电主要设备

为了保证发电过程持续、高效、环保、低成本进行，火力发电系统涉及多个过程装置，主要有锅炉（化学能转化成热能）、汽轮机（热能转化成动能）、发电机（动能转化成电能）、冷凝器、给水泵、磨煤机、除氧器等。

（1）锅炉

锅炉的作用是将燃料的化学能转变为热能，并利用热能加热锅内的水使之成为具有足

够数量和一定质量（汽温、汽压）的过热蒸汽，供汽轮机使用。锅炉本体是锅炉设备的主要部分，是由"锅"和"炉"两部分组成的。"锅"是汽水系统，它的主要任务是吸收燃料放出的热量，使水加热、蒸发并最后变成具有一定参数的过热蒸汽。它由省煤器、汽包、下降管、联箱、水冷壁、过热器和再热器等设备及其连接管道和阀门组成。锅炉及其辅助装置如图 5-3 所示。

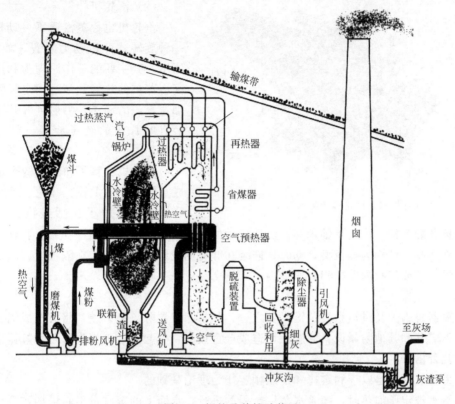

图 5-3　锅炉及其辅助装置

　　"炉"是燃烧系统，原煤经煤斗送入磨煤机磨制成煤粉，通过空气预热器加热后的风将煤粉送入燃烧器中，煤粉经燃烧器点燃，在炉膛内迅速燃烧后放出大量的热量，使炉膛火焰中心产生的烟气具有 1500℃ 或更高的温度。炉膛四周内壁布置有许多的水冷壁管，炉膛顶部布置着顶棚过热器，炉膛上方布置着屏式过热器等受热面。水冷壁管和顶棚过热器等是炉膛的辐射受热面，在这些受热面内与源源不断地流动着的工质进行换热，工质将烟气中的热量迅速吸收，使火焰温度降低，保护炉墙不致被烧坏。

　　高温烟气经炉膛上部出口离开炉膛进入水平烟道，与布置在水平烟道的过热器进行热量交换，然后进入尾部烟道，并与再热器、省煤器和空气预热器等受热面进行热量交换，使烟气不断放出热量而逐渐冷却下来，使得离开空气预热器的烟气温度通常在 120～160℃ 之间。低温烟气再经过脱硫、脱硝装置以及除尘器进行处理，确保排至大气中的烟气达到环境保护的要求。

　　在"锅"的汽水系统中，由给水泵送向锅炉的给水，经过高压加热器加热后进入省煤器，吸收锅炉尾部烟气的热量后，工质进入汽包，并通过下降管引入水冷壁下联箱再分配给各个水冷壁管。水在水冷壁管中吸收炉膛高温火焰和烟气的辐射热，使部分水蒸发变成饱和蒸汽，从而在水冷壁管内形成了汽水混合物。汽水混合物向上流动并进入汽包，通过汽包中的汽水分离装置进行汽水分离，分离出来的水继续循环。而分离出来的饱和蒸汽经汽包上部的饱和蒸汽引出管送入过热器进行加热。最后达到要求的过热蒸汽通过主蒸汽管道引入汽轮机做功。对于高参数、大功率机组，为了提高循环热效率和汽轮机的相对内效率，采用了蒸汽的中间再热，即在汽轮机高压缸内做完部分功的过热蒸汽被送回锅炉的再热器中进行加热，然后再送到汽轮机的中低压缸做功。

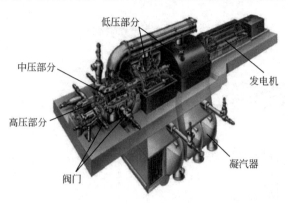

图 5-4　汽轮机结构示意图

（2）汽轮机

汽轮机也称蒸汽透平发动机，是一种旋转式蒸汽动力装置，如图 5-4 所示。其主要的工作原理为利用高温高压蒸汽的热能，穿过固定喷嘴成为加速气流的动能，喷射到叶片上，使装有叶片排的转子旋转，同时对外做功。

汽轮机由转子和静子两个部分组成。转子包括主轴、叶轮、动叶片和联轴器等。静子包括进汽部分、气缸、隔板和静叶栅、汽封及轴承等。汽轮机中的蒸汽主要在喷嘴叶栅中膨胀，在动叶栅中只有少许膨胀。结构为隔板型，动叶片嵌装在叶轮的轮缘上，喷嘴装在隔板上，隔板的外缘嵌入隔板套或气缸内壁的相应槽道内。

（3）除氧器

除氧器是锅炉及供热系统关键设备之一，如果除氧器除氧能力差，将会造成锅炉给水管道、省煤器和其他附属设备的腐蚀，造成严重损失，引起的经济损失将是除氧器造价的几十或几百倍。

热力除氧原理是以亨利定律和道尔顿定律为理论基础的。

当给水被定压加热时，随着水蒸发过程的进行，水面上的蒸汽量不断增加，蒸汽的分压力逐渐升高，及时排除气体，相应地水面上各种气体的分压力不断降低。当水被加热到除氧器压力下的饱和温度时，水大量蒸发，水蒸气的分压力就会接近水面上的全压力，随着气体的不断排出，水面上各种气体的分压力将趋近于零，于是溶解于水中的气体就会从水中逸出而被除去。

除氧设备主要由除氧塔头、除氧水箱两大件以及接管和外接件组成，其主要部件除氧器（除氧塔头），如图 5-5 所示。

5.1.3　火力发电的发展趋势

相较其他能源发电，我国火力发电技术起步较早，火电占领了大部分电力市场。近年来，受环保、电源结构改革等政策影响，火力发电量市场占有比重呈逐年小幅下降态势，但同时受能源结构、电力装机布局的历史等因素影响，国内电源结构仍将长期以火电为主。当前，火电行业推进产业结构优化升级正当时，未来，实现高效、清洁、绿色生产方式是行业发展的主要目标。

纵观人工智能的发展现状以及各国针对人工智能推广应用所制定的相关政策，新一代人工智能产业已在全球范围快速进入发展轨道，逐渐成为新一轮科技革命的突破口和产业变革的核心驱动力。当前，中国火电行业已初步具备将人工智能转变为生产力的技术经济

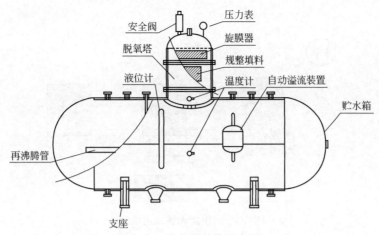

图 5-5　除氧器结构示意图

可行性，并将在火电智能安防、运行优化、状态检修、经营决策等领域得到更广阔的应用。因此，推进人工智能技术与火电生产经营的融合创新，必将成为火电产业转型发展和智能化升级的重要突破点。

5.2　新能源发电技术与装备

在我国力争于 2030 年前达到碳排放峰值，并于 2060 年前实现碳中和的背景下，控制能源消费总量和强度，实现低碳结构调整是现有能源利用的一大难题。2020 年 12 月，国务院发布《新时代的中国能源发展》白皮书，阐述了我国推动能源革命的主要政策和重大举措，贯彻"四个革命、一个合作"能源安全新战略，即推动能源消费革命、能源供应革命、能源技术革命、能源体制革命，加强国际合作。白皮书强调优先发展非化石能源，清洁利用化石能源，新能源的高效利用对于解决当今环境污染问题和资源（尤其是化石能源）枯竭问题具有重要意义。

5.2.1　太阳能发电过程及装备

太阳能利用领域的技术工艺对于过程装备技术是富有挑战性的。在"双碳"背景下，太阳能发电作为我国能源转型的中坚力量发展迅速。

太阳能发电是利用半导体界面的光生伏特效应而将光能直接转变为电能的一种技术。太阳能电池经过串联后进行封装保护可形成大面积的太阳电池组件，再配合上功率控制器等部件就形成了太阳能发电装置，光伏发电的主要构成如图 5-6 所示。

太阳能发电技术主要有两种形式，光伏发电技术和光热发电技术。

5.2.1.1　光伏发电技术

（1）光伏发电基本原理

光伏发电的主要原理是半导体的光电效应。光电效应是物理学中一个重要而神奇的现象，当光子照射到金属上时，它的能量可以被金属中某个电子全部吸收，电子吸收的能量足够大，能克服金属原子内部的库仑力做功，离开金属表面逃逸出来，成为光电子。硅原子有 4 个外层电子，如果在纯硅中掺入有 5 个外层电子的原子（如磷原子），就成为 N 型半导体；若在纯硅中掺入有 3 个外层电子的原子（如硼原子），形成 P 型半导体。当 P 型

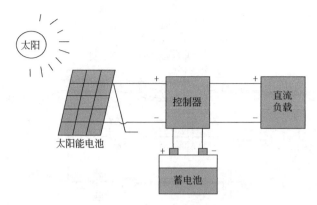

图 5-6　太阳能光伏发电装置

和 N 型结合在一起时，接触面就会形成电势差，成为太阳能电池。当太阳光照射到 P-N 结后，电流便从 P 型一边流向 N 型一边，形成电流。

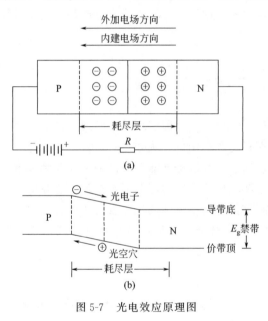

图 5-7　光电效应原理图

如图 5-7 所示，多晶硅经过铸锭、破锭、切片等程序后，制作成待加工的硅片。在硅片上掺杂和扩散微量的硼、磷等，就形成 P-N 结。然后采用丝网印刷，将精配好的银浆印在硅片上做成栅线，经过烧结，同时制成背电极，并在有栅线的面涂一层防反射涂层，电池片就至此制成。电池片排列组合成电池组件，就组成了大的电路板。一般在组件四周包铝框，正面覆盖玻璃，反面安装电极。有了电池组件和其他辅助设备，就可以组成发电系统。为了将直流电转化交流电，需要安装电流转换器。光伏发电后的电能如果不能及时输送至电网，可用蓄电池存储。发电系统成本中，电池组件约占 50%，电流转换器、安装费、其他辅助部件以及其他费用占另外 50%。

（2）光伏发电主要设备

光伏发电系统是由太阳能电池方阵、蓄电池组、充放电控制器、逆变器、交流配电柜、太阳跟踪控制系统等设备组成。

① 太阳能电池方阵。在光生伏特效应的作用下，太阳能电池的两端产生电动势，将光能转换成电能，是能量转换的器件。太阳能电池一般为硅电池，分为单晶硅太阳能电池、多晶硅太阳能电池和非晶硅太阳能电池三种。

② 蓄电池组。其作用是贮存太阳能电池方阵受光照时发出的电能并可随时向负载端供电。

③ 充放电控制器。是能自动防止蓄电池过充电和过放电的设备。由于蓄电池的循环充放电次数及放电深度是决定蓄电池使用寿命的重要因素，因此能控制蓄电池组过充电或过放电的充放电控制器是必不可少的设备。

④ 逆变器。逆变器是将太阳能电池组产生的直流电转换成交流电，以便于电能并网的设备。

⑤ 太阳轨迹跟踪系统。太阳轨迹追踪系统会根据太阳每时每刻的光照角度调整太阳能电池的角度，保证太阳能电池板能够时刻正对太阳，使发电效率达到最佳状态。

（3）光伏发电的优势和劣势。与常用的火力发电系统相比，光伏发电因其无枯竭危险、安全可靠、无噪声、无污染排放、绝对干净（无公害）等优点得到了大力的发展，除了上述优点外，光伏发电还具有不受资源分布地域的限制、能源质量高、建设周期短和获取能源花费的时间短等优势。

而光伏发电的主要劣势表现在能量供应不稳定、转化率低、占地面积大、发电成本高（现阶段光伏的度电成本是火电的两倍）、晶体硅电池的制造过程高污染、高耗能和地域依赖性强等。

不可否认现阶段光伏发电还存在一些缺点，未来行业发展要着力于克服这些缺点。

5.2.1.2 光热发电技术

（1）光热发电技术原理

太阳能光热发电基本原理是采用大规模反射镜将太阳能辐射能汇聚到集热系统中，用来加热集热装置中的水、导热油或熔盐等传热介质，从而将低能流密度的太阳辐射能汇聚成高能流密度的热能，热能通过换热装置转化成高温高压蒸汽，再驱动常规的汽轮发电机组发电，从而实现"光能→热能→机械能→电能"的转化。除了发电所用热源不同，太阳能光热发电工艺原理和主要设备组成与传统的火力发电基本相同，如图 5-8 所示。

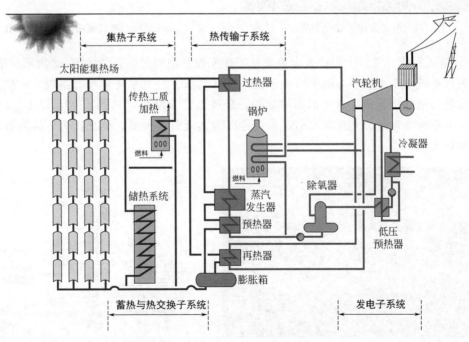

图 5-8 太阳能光热发电系统原理

目前，发电用太阳能集热装置主要有四种类型：槽式、碟式、塔式和菲涅尔式。这四种类型全部为聚焦型（线聚焦或点聚焦）集热装置，其中菲涅尔式实际上是槽式和塔式的综合技术。根据世界上主流产品的结构性能，槽式和菲涅尔式是线聚焦集热装置，由于聚光比不大，其出口介质参数受到一定的限制，塔式和碟式是点聚焦集热装置，可以实现很高的介质温度，但塔式集热装置的造价非常昂贵，而碟式集热装置一般与斯特林发动机配合使用，单位容量成本更为高昂。在太阳能热发电领域较为普及运用的还是槽式和菲涅尔式。

① 槽式系统。槽式太阳能发电装置（如图 5-9 所示）的工作原理如图 5-10 所示。在槽式太阳能发电装置中，有类似抛物线的核心部件——聚光器，由聚光器将太阳光聚集到加热器中加热工作介质，汽轮机发电的动力就是来自热转换装置中的高温高压蒸汽。由于研究起步早，技术成熟和结构简单，槽式太阳能热发电系统是最早进行商业化投产和加工制造的一种太阳能发电系统。

图 5-9　槽式太阳能发电装置

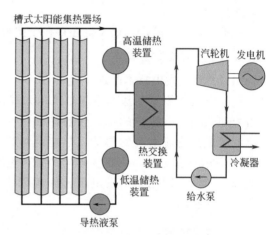

图 5-10　槽式太阳能发电原理图

② 塔式系统。塔式太阳能发电装置和工作原理分别如图 5-11 和图 5-12 所示。塔式太阳能发电系统主要由吸热与热能传递系统、定日系统、发电系统等部分组成。一般而言，聚光比是随镜场定日镜数量增加而增加的，最高工作温度可以达到 1500℃ 以上。塔式太阳能发电系统非常适合大规模发电，主要是因为其运行温度高、聚光比大、转换效率高、系统容量大。

图 5-11　塔式太阳能发电装置实物图

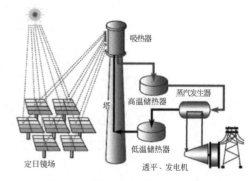

图 5-12　塔式太阳能发电原理图

定日镜在塔式太阳能发电系统中以高塔为中心沿圆周方向分布，吸热器安装在高塔上。跟踪器具有较好的跟踪性能，可根据太阳光不断调整，保证太阳光能以最佳的跟踪角度反射到吸热器上，从而确保了系统的太阳能转化效率提高。储热介质通过泵输送到塔中的吸热器中加热后送入高温储热器中，高温的储热介质在蒸汽发生器中加热水而不断产生蒸汽，从而驱动汽轮机运转而发电。同时，在阳光充足时，储热器可以将多余热量进行储存，以备在阳光不足时使用，保证系统持续供电。

③ 菲涅尔式系统。线性菲涅尔式聚光集热系统主要由主反射镜阵列（聚光镜场）、跟踪控制装置和接收器三部分构成。线性菲涅尔式聚光镜场主要以南北向或东西向对称布置，主反射镜在跟踪装置的控制下单轴自动跟踪太阳，将太阳光汇聚至接收器，高密度的反射光一部分直接聚焦到位于焦线上的真空集热管上，另一部分则经复合抛物面二次聚光器反射后投射到真空集热管上。集热管吸收太阳辐射后，将管内的传热工质（水、导热油、熔盐等）加热。采用CPC（复合抛物面聚光器）的线性菲涅尔式聚光集热系统和工作原理如图5-13和图5-14所示。线性菲涅尔式聚光集热系统采用多列平行排列的平面或者微弧反射镜取代传统意义上的抛物面反射镜。

图 5-13　线性菲涅尔式聚光集热系统

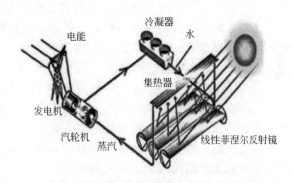

图 5-14　线性菲涅尔式聚光集热系统工作原理

④ 碟式系统。碟式太阳能发电装置和工作原理分别如图5-15和图5-16所示。碟式太阳能发电系统相比其他光热发电技术的优势主要包括：聚光比（大聚光比可以达到3000以上）、接收器温度高（可达800℃）、系统转换效率高（可达29.4%）、相同辐射能量条件下吸热面积最小（可节省空间），而其缺点主要包括结构复杂、保温材料的要求高和一些技术问题需要解决等。

图 5-15　碟式太阳能发电装置

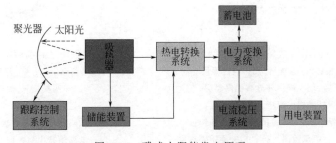

图 5-16　碟式太阳能发电原理

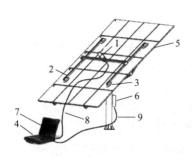

图 5-17　定日镜主要结构

1—摄像机；2—安装支架；3—固定器；
4—图像校正控制器；5—定日镜；
6—定日镜跟踪控制器；7—校正控制器
显示界面；8—摄像机连接电缆；
9—控制器连接电缆

（2）光热发电的关键过程装置

① 定日镜。定日镜是将太阳光线反射到固定方向的光学装置。当镜面以周日运动的速度作跟踪运动时，太阳光或星光被反射到极轴方向，然后直接或经辅助平面镜反射入固定的望远镜。

定日镜装置为一种定向投射太阳光的平面镜装置，属于太阳能应用技术领域。该装置包括至少两片平面镜，以及平面镜的方位角调整机构和高度角调整机构，定日镜的主要结构如图 5-17 所示。

② 高温熔盐储罐。储热系统主要用于储存从太阳岛（光场）而来的高温熔融盐，晚上用储存的高温熔融盐和水换热产生高温蒸汽，推动汽轮机和发电机发电，从而实现有太阳和没太阳的连续发电。熔盐储罐（图 5-18）作为储热系统的关键设备，一般分为低温熔盐储罐和高温熔盐储罐，高温熔盐储罐容积的大小，根据储能时长确定，以 50MW 装机量、储能时长 7h 为例，熔盐储罐的有效容积约为 6000m³ 左右。高温熔盐储罐，罐体直径一般在 26m 左右，工作温度高达 565℃ 左右。

③ 熔融盐蒸汽发生器。蒸汽发生器用于将熔盐存储的热量传递给汽轮机工质水（汽），以驱动汽轮发电机组产生电能。蒸汽发生器为过热蒸汽发生器，蒸汽发生器的额定蒸汽参数与汽轮机匹配，汽轮机采用再热式空冷纯凝机组，也可以根据规模大小采用其他类型发电机组，以实现光热发电项目的最佳经济性及更高效率。图 5-19 为高温熔融盐蒸汽发生器的主要结构。

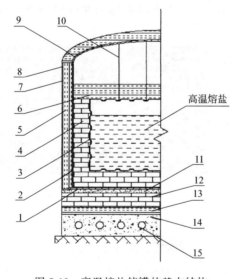

图 5-18　高温熔盐储罐的基本结构

1—罐底板；2—罐壁板；3—内衬薄板；
4—耐火砖；5—罐体外硅酸铝保温层；
6—软质硅酸铝保温层；7—防潮层；
8—金属保护层；9—罐顶板；10—挂钩；
11—砂垫层；12—承重耐火砖；13—硬质隔热层；
14—混凝土地基；15—通风冷却管

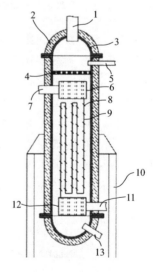

图 5-19　高温熔融盐蒸汽发生器

1—蒸汽出口；2—保温层；3—壳体；
4—网板；5—预热蒸汽入口；
6—高温熔盐分散箱；7—高温熔盐入口；
8—散热翅片；9—熔盐管；10—支撑架；
11—低温熔盐出口；12—低温熔盐汇流箱；
13—送水口

（3）光热发电技术的优势和劣势

由于高温介质可以实现大规模低成本存储，因此太阳能光热发电与大规模储能是天然一体的，并因此展现出巨大的技术优势：采用成熟的储热技术后可以实现全天 24 小时稳定持续出力，相对于风电和光伏不稳定不可调的缺陷，光热发电对电力系统调峰性能良好。光热电站发电可根据电网用电负荷的需要，快速地调节机组出力，参与电网的一次调频和二次调频，机组转动惯量可为电网维持系统频率稳定提供支撑。

太阳能光热发电技术比光伏发电技术出现得更早，但产业发展速度却远远落后，究其原因，主要有以下问题：设备、系统和技术复杂；投资费用高昂，单位容量造价高；发电效率低等。这些问题最终都反映在经济性方面。

5.2.2 风力发电过程与装备

风力发电是指把风的动能转为电能的过程（图 5-20）。风能是一种清洁无公害的可再生能源，很早就被人们利用，主要是通过风车来抽水、磨面等。在电磁感应现象发现后，风所具备的动能，逐渐被人们所重视，如何高效地利用风来发电是现代人们关注的重点。

图 5-20　位于新疆达坂城的风力发电场

（1）风力发电的主要过程

风力发电的原理，是利用风力带动风车叶片旋转，再通过增速机将旋转的速度提升，来促使发电机发电，实现机械能转化成动能，动能转化成电能的过程。依据风车技术，大约是每秒三米的微风速度，便可以开始发电。

风力发电机因风量不稳定，故其输出的是 13～25V 变化的交流电，须经充电器整流，再对蓄电瓶充电，使风力发电机产生的电能变成化学能。然后用有保护电路的逆变电源，把电瓶里的化学能转变成 220V 交流电，才能保证稳定使用。

（2）风力发电主要设备

风力发电机（图 5-21）是将风能转换为机械能的动力机械，又称风车。广义地说，它是一以大气为工作介质的能量利用机械。

机舱：机舱内有风力发电机的关键设备，包括齿轮箱、发电机、制动器。维护人员可以通过风力发电机塔进入机舱。机舱左端是风力发电机转子，即转动叶片及轴。

转动叶片：主要安装在风轮上，捕获风，并将风力传送到转子轴心，从而带动发电机进行发电。

主驱动链：风力发电机的主驱动链将转子轴心与齿轮箱连接在一起。在现代风力发电机上，转子转速相当慢，大约为 19～30r/min。

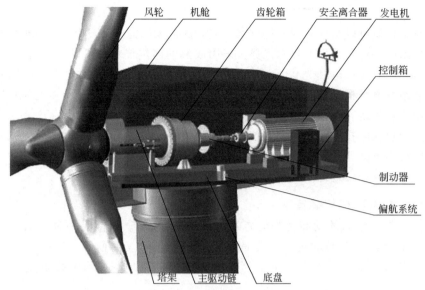

风轮　机舱　齿轮箱　安全离合器　发电机　控制箱　制动器　偏航系统　塔架　主驱动链　底盘

图 5-21　风力发电机组结构图

齿轮箱：齿轮箱左边是主驱动链。齿轮箱可以将高速轴的转速提高至低速轴的 50 倍。在齿轮箱后部的高速轴上安装有刹车盘，其连接方式是采用胀紧式联轴器；液压制动器通过螺栓紧固在齿轮箱体上。

高速轴及制动器：高速轴以 1500r/min 运转，并驱动发电机。它装备有紧急制动器，制动器能使风力发电机组在发生故障或紧急情况下，快速、平稳地制动停机，用于空气动力闸失效时，或风力发电机被维修时。

发电机：通常被称为感应电机或异步发电机。在现代风力发电机上，最大电力输出通常为 500~1500kW。

偏航装置：机舱的偏航是由电动偏航齿轮自动执行的，它是根据风向仪提供的风向信号，由控制系统控制，通过驱、传动机构，实现风电机组叶轮与风向保持一致，最大效率地吸收风能。

（3）风力发电的优势与劣势

风力发电作为可再生、洁净能源在世界范围内得到了大量的推广，比起化石能源燃烧产生的温室气体，它发电过程中基本不会产生任何有害环境的产物。风力发电设备日趋进步，大量生产将有效降低成本，在适当地点，风力发电成本已低于其他发电技术。但不可避免的，风力发电在运用过程中仍存在一定的问题。主要存在如下的缺点：

① 风力发电在生态上的问题是可能干扰鸟类，如美国堪萨斯州的松鸡在风车出现之后已渐渐消失。目前的解决方案是离岸发电，离岸发电价格较高但效率也高。

② 在一些地区，风力发电的经济性不足：许多地区的风力有间歇性，必须等待压缩空气等储能技术发展，才能解决这一问题。

③ 风力发电需要大量土地兴建风力发电场，且进行风力发电时，风力发电机会发出噪声，所以要找一些空旷的地方来兴建。

④ 影响风力发电最大的因素在于风速和风向不稳定，受天气影响明显。

⑤ 现有设备风能的转换效率低，风能发电机的转化率只有 47%，仅仅比太阳能发电的 18% 高，完全比不上水力发电的 75%。风力发电创造的电能价值，目前还无法与它的投入成本持平。

5.2.3 核能发电过程与装备

（1）核能发电的原理

核能是原子核通过核反应，改变原有的核结构，由一种原子核变成了另外一种新的原子核，即由一种元素变成另外一种元素或者同位素，根据爱因斯坦的质能方程，这个过程会释放出巨大能量。直至今日，核能已被广泛应用于工业、军事等领域。利用核能发电有利于优化国家或区域能源结构，提升能源安全性和经济性，在经济社会发展中发挥着越来越重要的作用。

核电是核能发电的简称，目前核能发电利用的是裂变能。以压水堆核电站为例，核燃料在反应堆中通过核裂变产生的热量加热一回路高压水，一回路水通过蒸汽发生器加热二回路水使之变为蒸汽。蒸汽通过管路进入汽轮机，推动汽轮发电机发电，发出的电通过电网送至千家万户。整个过程的能量转换是由核能转换为热能，热能转换为机械能，机械能再转换为电能。

（2）核电站的构成

核电厂就是利用核能发电的电厂。核电厂由两大部分组成：一是核岛，包括反应堆厂房、辅助厂房、核燃料厂房和应急柴油机厂房；二是常规岛，包括汽轮发电机厂房和海水泵房。我国目前核电站采用的堆型有压水堆、重水堆、高温气冷堆和快中子堆。这几种电厂的蒸汽供应系统有较大的差异，但汽轮机、发电机系统基本相似。

核电厂的心脏是核反应堆，核反应堆是一个能维持和控制核裂变链式反应，从而实现核能→热能转换的装置。在核反应堆中，将中子减速（成为热中子）使其更容易击中核燃料的原子核引起裂变的物质称为慢化剂（或减速剂）。将核裂变产生的热量带出反应堆的介质称为冷却剂（或载热剂）。

图 5-22 所示为核电厂工作原理示意图，核燃料在反应堆内进行链式核裂变反应，在堆内吸收了反应热的冷却剂（水或气体）将热量带出反应堆，传给在蒸汽发生器中的二回

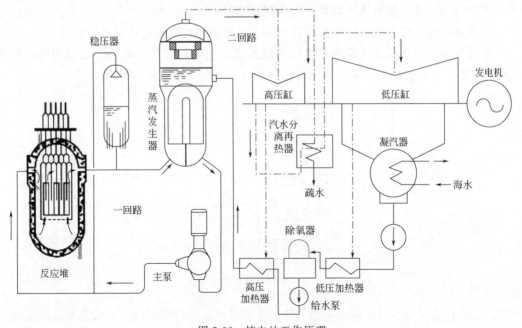

图 5-22　核电站工作原理

路水，水汽化成为蒸汽，蒸汽带动汽轮发电机发电。一回路的冷却剂将热量放出后由泵送回反应堆重新吸热。二回路的蒸汽离开汽轮机后在冷凝器内凝结为水，再泵回蒸汽发生器重新汽化。把核反应堆用主管道与主泵、蒸汽发生器、稳压器连接在一起，加上一些辅助系统，构成核电厂一回路系统，即核蒸汽供应系统。把蒸汽发生器与汽轮发电机、汽水分离再热器、冷凝器、给水加热器、泵等用管道连在一起，就构成了核电厂二回路系统，即汽轮发电机系统。

5.2.4 生物质能利用过程与装备

生物质是指通过光合作用形成的各种有机体，包括所有的动植物和微生物。生物质能则是太阳能以化学能形式储存在生物质中的能量形式，包括木材及其废弃物、农作物及其废弃物、各种各样的畜禽粪便、富含有机质的废水、沼气等。相较于太阳能、风能等其他可再生能源，生物质能具有可再生、零碳排放、可直接替代现有化石能源、分布广泛、来源丰富的优点。

生物质能的利用方法主要包括热化学转化和生物化学转化两种。通过转化，可以将生物质转化为常规的液体、气体、固体燃料，或高附加值的化学品，也可以进一步转化为热能、电力，从而与现有化石能源利用技术具有很大的兼容性。

生物质气化是有效利用生物质的一种方式，对分散的生物质来说，比直接燃烧效率高，而且污染物排放少，气化过程产生的可燃气既可作为锅炉燃气、生活煤气，也可和内燃机相连，产生电力。生物质快速热解液化技术可以把生物质液化制成生物油，也是很有发展前景的技术途径。其最大的优点就在于产品油的易存储和易输运，不存在产品的就地消费问题，因而得到了国内外的广泛关注。

（1）生物质气化发电工艺

生物质气化发电是把生物质转化为可燃气，再利用可燃气燃烧发电的技术。生物质气化发电工艺主要包括三部分：

① 生物质气化，把固体生物质转化为气体燃料；

② 气体净化，将燃气中的杂质脱除出去，以保证燃气发电设备的正常运行；

③ 燃气发电，利用燃气轮机或燃气内燃机进行发电，燃气轮机发电之后利用余热锅炉和蒸汽轮机提高能源利用率。典型的生物质气化发电工艺如图 5-23 所示。

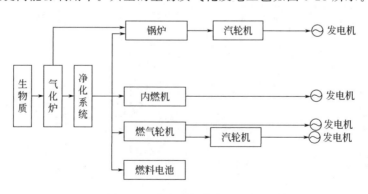

图 5-23　生物质气化发电工艺

由于生物质气化发电系统采用的气化技术和燃气发电技术不同，所以其系统构成和工艺过程有很大的差别。按气化形式不同，生物质气化过程可以分为固定床和流化床气化两大类；按发电设备不同，气化发电可分为内燃机发电系统、燃气轮机发电系统及燃气-蒸汽联合循环发电系统；从规模上看，生物质气化发电系统可分为大型、中型和小型三种。表5-1表示了各种生物质气化发电技术的特点。

表 5-1　各种生物质气化发电技术的特点

规模	气化过程	发电过程	主要用途
小型系统 功率小于 200kW	固定床气化	内燃机	农村用电
	流化床气化	微型燃气轮机	中小企业用电
中型系统 功率 500～3000kW	常压流化床气化	内燃机	大中企业自备电站 小型上网电站
大型系统 功率大于 5000kW	常压流化床气化 高压流化床气化 双流化床气化	内燃机＋蒸汽轮机 燃气轮机＋蒸汽轮机	上网电站、独立能源系统

（2）生物质气化装备

气化炉是生物质气化系统中的核心设备，生物质在气化炉内进行气化反应，生成可燃气。生物质气化炉可以分为固定床气化炉和流化床气化炉两种，而固定床气化炉和流化床气化炉又都有多种不同形式，如图5-24所示。

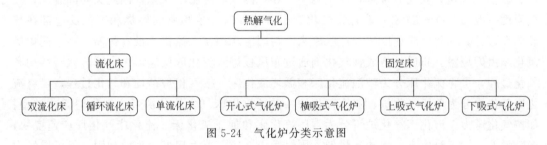

图 5-24　气化炉分类示意图

在下吸式气化炉中，气流是向下流动的，通过炉栅进入外腔。原料由上部加入，依靠重力下落。经过干燥区后水分蒸发，在裂解区分解出的二氧化碳、一氧化碳、氢气、焦油等热气流向下流经气化区。在气化区发生氧化还原反应。同时由于氧化区的温度高，焦油在通过该区时发生裂解，变为可燃气体。炉内运行温度在400～1200℃左右，燃气从反应层下部吸出，灰渣从底部排出，如图5-25所示。下吸式固定床气化炉工作稳定，产生的气体成分相对稳定，可燃气中焦油含量较少，但可燃气中灰分含量较多，出炉可燃气温度高，炉内热效率低。

上吸式气化炉的气流流动方向与物料运动方向相反。物料由气化炉顶部加入，气化剂由炉底部经过炉分进入气化炉，产出的燃气通过气化炉内的各个反应区，从气化炉上部排出。向下流动的生物质原料被向上流动的热气体烘干脱去水分，干生物质进入裂解区后得到更多的热量，发生裂解反应，析出挥发分。产生的炭进入还原区，与氧化区产生的热气体发生还原反应，生成一氧化碳和氢气等可燃气体，如图5-26所示。上吸式气化炉生产的可燃气，可直接作为锅炉或加热炉的燃料气或向系统提供工艺热源。但是上吸式气化炉有一个突出的缺点，就是在裂解区生成的焦油没有通过气化区而直接混入可燃气体排出，这样产出的气体中焦油含量高，且不易净化。

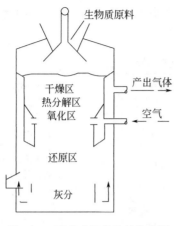

图 5-25 下吸式气化炉结构简图

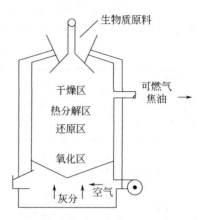

图 5-26 上吸式气化炉结构简图

开心式气化炉的结构与气化原理与下吸式气化炉相似（图 5-27），是下吸式气化炉的一种特别形式。开心式气化炉是由我国研制的，主要用于稻壳气化，并已投入商业运行多年。

生物质流化床气化的研究起步比较晚。流化床气化炉在吹入的气化剂作用下，物料颗粒、砂子、气化介质充分接触，受热均匀，在炉内呈"沸腾"状态，因此又叫沸腾床，反应温度一般为 $750\sim850$℃。流化床气化炉配有热砂床，生物质的燃烧和气化反应都在热砂床上进行。气化反应速度快，产气率高。与固定床相比，流化床没有炉栅。一个简单的流化床由燃烧室、布风板组成，气化剂通过布风板进入流化床反应器中。按气化器结构和气化过程，可将流化床分为鼓泡流化床和循环流化床。按气化炉结构和气化过程，可将流化床气化炉分为单床气化炉、双床气化炉、循环流化床气化炉及携带床气化炉四种类型；如按气化压力，流化床气化炉可分为常压流化床和加压流化床。流化床气化反应速度快，产气量大，燃气热值高，焦油含量低，原料适应性广，可大规模、高效利用，但可燃气中灰分含量较多，结构比较复杂。

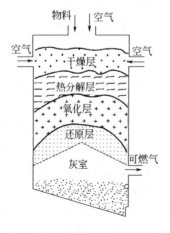

图 5-27 开心式固定床气化炉结构简图

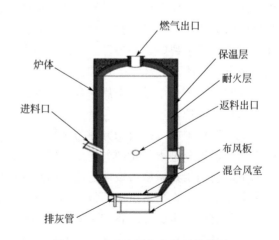

图 5-28 流化床式气化炉结构简图

（3）生物质成型燃料

生物质除了作为气化原料，其自身所具备的高热值也能为发电设备提供能量。"生物质成型燃料"是以农林剩余物为主原料，经切片-粉碎-除杂-精粉-筛选-混合-软化-调质-挤压-烘干-冷却-质检-包装等工艺，最后制成成型的环保燃料，通常截面宽度为 $30\sim40mm$、长度 $10\sim100mm$，含水率控制在 $10\%\sim25\%$ 范围内，成型的燃料具有热值高、燃烧充分等特点。生物质成型燃料是一种洁净低碳的可再生能源，可作为锅炉燃料，它的燃烧时间长，强化燃烧炉膛温度高，而且经济实惠，是替代常规化石能源的优质环保燃料，可广泛应用于工农业生产及家庭。

生物质固化成型法与其他方法生产相比较，具有生产工艺及设备简单，易于操作和易于实现产业化生产和大规模使用等特点。如果将农作物秸秆固化成型并有效开发利用，替代原煤，对于缓解能源紧张，治理有机废弃物污染，保护生态环境，促进人与自然和谐发展都具有重要意义。

5.2.5 氢能利用过程与装备

地球上的氢主要以其化合物，如水和碳氢化合物、石油、天然气等的形式存在。而水是地球的主要资源，是地球上无处不在的"氢矿"。而氢能具备的特性，如来源多样性、清洁性、可储存性、可再生性等，可以同时满足资源、环境和持续发展的要求，是其他能源所不能比拟的。因此可以说，氢能是人类未来的能源。

（1）制氢工艺及技术

氢能是一种二次能源，在人类生存的地球上，只存在极稀少的游离状态的氢，因此必须将含氢物质加工后方能得到氢气。最丰富的含氢物质是水（H_2O），其次就是各种矿物燃料（煤、石油、天然气、硫化氢）及各种生物质等。目前，全世界氢气的主要来源是化石能源制氢，其中主要是煤和天然气制氢。可再生能源中，太阳能是最活跃的制氢介质，有很多种制氢方法，既可以直接制氢，也可以间接制氢；生物质能也是可以多途径制氢的介质，它既可以直接制氢，也可以间接制氢。由于生物质生长过程吸收的 CO_2 与其制氢过程释放的 CO_2 相当，所以生物质制氢备受重视；风能、水能、地热能和海洋能（不包括海洋植物）只能间接制氢，即先发电，再用电解水制氢；核能和太阳能一样，可以直接或间接制氢。

综上所述，根据原料划分的制氢方法如图 5-29 所示，从图 5-29 可见，化石能源煤、石油和天然气制氢途径最多，可以直接制得氢气，也可以先发电再制氢，还可以制成其他化合物（如汽柴油、甲醇）后再制氢。可再生能源中太阳能、生物质能和核能可以直接制氢或者先发电再制氢。而风能、水能、地热能和海洋能（不包括海洋植物）则只能先发电再电解水制氢。图 5-29 中左下框的物质都和氢一样是能源载体，由它们可以直接制取氢气。电也是能源载体，因为它较为特殊，不仅可以由电制氢，也可以由氢气发电。图 5-29 下框中的铝粉、氧化铁、硫化氢等，是一些金属或化合物的代表，它们都可以直接制氢。

工业制氢的主要方法有：热化学方法、电化学方法、等离子体法、生物法和光化学法等。每种方法的原理和特点见表 5-2。

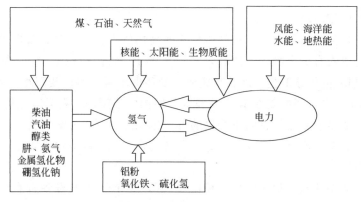

图 5-29　工业制氢方法示意图

表 5-2　工业制氢原理及特点

制氢方法	原理	特点
热化学方法	用热量破坏现成化合物中的键能,使其重组为氢分子	热化学方法是应用最广泛的制氢方法。目前全世界 96%～97% 的氢气由化石能源的热化学方法制造
电化学方法	用电能破坏现成化合物中的键能,使其重组为氢分子	由于电的来源广泛,电解水制氢纯度高,对生成氢气的净化要求低
等离子体法	用电能将现成化合物制成等离子体、破坏其原有的键能,使其重组为氢分子	使含氢化合物形成等离子体,以提高产氢量
生物法	通过光合作用,在太阳光的参与下,将空气中的 CO_2 变成含氢的生物;或通过细菌的作用将水分解为氢和氧	反应温和、对环境没有影响。大自然的重要循环
光化学法	通过光的作用,在催化剂的参与下,将水变成氢和氧	反应温和、对环境没有影响。离产业化有距离

(2) 制氢设备

不同的制氢工艺依赖的制氢设备不同,热化学方法中的煤制氢、天然气制氢技术的设备有:

① 天然气水蒸气转化炉。工业上使用的天然气水蒸气转化炉,几乎全部为固定床反应器(第一段转化),这类反应器具有比较简单的结构、使用寿命很长的催化剂,一旦装填后,就不用时常维护,管理简便。对于天然气转化来说,由于是强吸热反应,即使设置了原料的预热,仍然需要在反应器内设置独立的供热管路,通过高温烟道气供热,以便及时补偿由于吸热反应导致的温度降。由于反应温度高且是加压操作(2～2.5MPa),因此需要有耐隔热衬里,以降低反应器材质的选择苛刻度。

第二段为控制性配置氧气/空气的燃烧段,内部除了喷嘴,基本为空腔结构。此处转化率虽然仅为 10%～15%,但放热量大,温度高,产品气体可通过间接换热的方式,为第一段的吸热反应提供热量。

② 气化炉。现代大型煤气化装置中,按反应器的形式分为移动床(块煤)、流化床(碎煤)、气流床(粉煤、水煤浆),应用比较广泛的是气流床,原因是其单炉容量大、技术成熟、变负荷能力强、能适应多个煤种。典型的气流床技术包括:美国通用电气公司的水煤浆加压气化工艺(GE-Texaco 工艺)、荷兰皇家壳牌石油公司的 SCGP 粉煤加压气化

技术和德国 GSP 气化技术。我国以水煤浆气化工艺为主，其中有 30 多家使用 GE-Texaco 工艺。

GE 水煤浆气化炉（图 5-30）是以水煤浆为原料、氧气为气化剂的加压气化装置。褐煤粉碎后加入循环水形成水煤浆，目前国内研究的重点就是褐煤与超临界水形成水煤浆的过程。超临界水（SCW，374℃，22MPa）具有气态水和液态水的特点，具有良好的溶解性、扩散性，也具有低黏度、高密度的特性。水煤浆经加压泵后与高压氧通过气化炉顶部的气化喷嘴进入燃烧室。

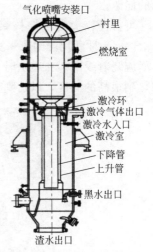

图 5-30　GE 水煤浆气化炉

除了上述气化反应装置，制氢工艺中仍需要净化装置（去除氢气中杂质）、提纯装置（提高氢气纯度）、储运装置等，以达到工艺所需的氢气参数。

（3）氢能利用

氢能的利用方式主要有三种：直接燃烧；通过燃料电池转化为电能；核聚变。

① 氢内燃机。氢内燃机的基本原理与汽油或柴油内燃机原理一样。氢内燃机是传统汽油内燃机的带小量改动版本。氢内燃机直接燃烧氢，不使用其他燃料或产生水蒸气。氢内燃机不需要任何昂贵的特殊环境或者催化剂就能完全做功，这样就不会存在造价过高的问题。

② 燃料电池。氢能的应用主要通过燃料电池来实现。氢燃料电池发电的基本原理（图 5-31）是电解水的逆反应，把氢和氧分别供给阴极和阳极，氢通过阴极向外扩散和电解质发生反应后，放出电子并通过外部的负载到达阳极。氢燃料电池与普通电池的区别主要在于：干电池、蓄电池是一种储能装置，它把电能储存起来，需要的时候再释放出来；而氢燃料电池严格地说是一种发电装置，像发电厂一样，是将氢燃料所具备的化学能转化成电能，且不需要进行燃烧，能量转换率可达 $60\%\sim80\%$，具有污染少、噪声小、能量密度高、灵活性强等特点。氢燃料电池的上述优点与新能源汽车的发展需求高度贴合，因此得到了国内外车企及研究机构的高度重视。

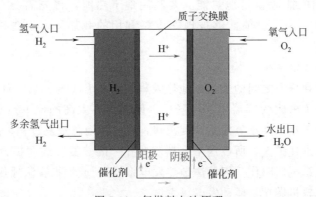

图 5-31　氢燃料电池原理

③ 核聚变。即氢原子核（氘和氚）结合成较重的原子核（氦）时放出巨大的能量。参与核反应的氢原子核，如氕、氘、氚、锂等从热运动获得必要的动能而引起聚变反应。热核反应是氢弹爆炸的基础，可在瞬间产生大量热能，但尚无法加以利用。如能使热核反

应在一定约束区域内，根据人们的意图有控制地产生与进行，即可实现受控热核反应。受控热核反应是聚变反应堆的基础。聚变反应堆一旦成功，则可向人类提供清洁而又取之不尽的能源。

可行性较大的可控核聚变反应堆就是托卡马克装置（图 5-32）。托卡马克（Toka-mak）是一种利用磁约束来实现受控核聚变的环形容器。它的中央是一个环形的真空室，外面缠绕着线圈。在通电时，托卡马克的内部会产生巨大的螺旋形磁场，将其中的等离子加热到很高的温度，以达到核聚变的目的。

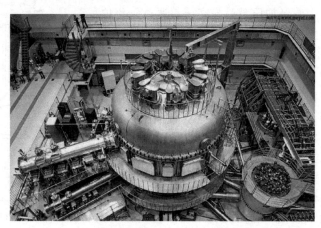

图 5-32　合肥市的全超导托卡马克核聚变实验装置

5.2.6　地热发电

地热资源是指贮存在地球内部的可再生热能，一般集中分布在构造板块边缘一带，起源于地球的熔融岩浆和放射性物质的衰变。地热资源是一种十分宝贵的综合性矿产资源，其功能多，用途广。

地热发电是地热利用最重要的方式。高温地热流体应首先应用于发电。地热发电和火力发电的原理是一样的，都是利用蒸汽的热能在汽轮机中转变为机械能，然后带动发电机发电。所不同的是，地热发电不像火力发电那样要装备庞大的锅炉，也不需要消耗燃料，它所用的能源就是地热能。要利用地下热能，首先需要有"载热体"把地下的热能带到地面上来。目前能够被地热电站利用的载热体，主要是地下的天然蒸汽和热水。

（1）地热闪蒸发电系统

根据水的沸点和压力之间的关系，地热闪蒸发电系统（图 5-33）首先是把 100℃ 以下的地下热水送入一个密闭的容器中抽气降压，使温度不太高的地下热水因气压降低而沸腾，变成蒸汽。由于热水降压蒸发的速度很快，是一种闪急蒸发过程，同时热水蒸发产生蒸汽时它的体积要迅速扩大，所以这个容器就叫作"闪蒸器"或"扩容器"。用这种方法来产生蒸汽的发电系统，叫作"闪蒸法地热发电系统"，或"扩容法地热发电系统"。然后就可把蒸汽通入汽轮机做功，驱动发电机发电。

（2）地热双工质循环发电系统

地热双工质循环发电系统（图 5-34）由地热流体循环和低沸点工质发电循环组成，是用地热流体在热交换器中加热低沸点工质，使之蒸发为蒸汽，再将其引入汽轮机做功发电的系统。

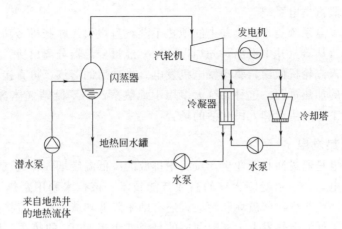

图 5-33　地热单极闪蒸发电系统示意图

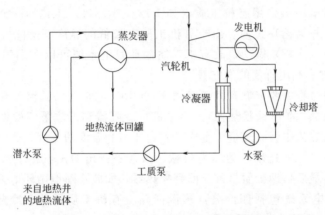

图 5-34　地热双工质循环发电系统示意图

在这种发电系统中，常采用两种流体：一种是采用地热流体作热源；另一种是采用低沸点工质流体作为一种工作介质来将地下热水的热能转变为机械能。常用的低沸点工质有氯乙烷、正丁烷、异丁烷、氟利昂-11、氟利昂-12等。该发电系统利用低位热能的热效率较高，同时设备紧凑，汽轮机的尺寸小，对化学成分比较复杂的地下热水适应性较强。但该系统不像扩容法那样可以方便地使用混合式蒸发器和冷凝器，大部分低沸点工质传热性都比水差，采用此方式需有相当大的金属换热面积。同时低沸点工质价格较高，制作难度大，有些低沸点工质还有易燃、易爆、有毒、不稳定、对金属有腐蚀等特性。

（3）地热全流发电系统

地热全流发电系统比地热闪蒸发电系统中的单级闪蒸法和两级闪蒸法发电系统的单位净输出功率分别提高60%和30%左右。

全流发电系统是将来自地热井的地热流体（不论是水或蒸汽）通过一台特殊设计的膨胀机，使其一边膨胀一边做功，最后以气体的形式从膨胀机的排气口排出。为了适应不同化学成分范围的地热水，特别是高温高盐的地热水，膨胀机的设计应该具备这种适应能力。为了获得全流系统的优越性能，膨胀机的效率必须达到70%以上，但目前的实验机组还没有达到这一指标。因此，虽然从这一概念的提出到现在已有20多年的时间，全流地热发电系统仍未进入商业应用阶段。

（4）地热干蒸汽发电系统

地热干蒸汽发电系统是将地热井中的地热干蒸汽直接引入膨胀机做功发电的系统。

首先把干蒸汽从蒸汽井中引出，先加以净化，经过分离器分离出所含的固体杂质，然后就可把蒸汽通入汽轮机做功，驱动发电机发电。做功后的蒸汽，可直接排入大气；也可用于工业生产中的加热过程。这种系统大多用于地热蒸汽中不凝结气体含量很高的场合，或者综合利用于工农业生产和人民生活的场合。

5.2.7 低温余热发电

低温余热发电是通过回收工业生产过程中排放的中低温废烟气、蒸汽、热水等所含的低品位热量来发电，是一项变废为宝的高效节能技术。该技术利用余热而不直接消耗能源，不仅不会对环境产生任何破坏和污染，还有助于降低和减少余热直接排向空中所引起的环境污染。由于低温余热发电大部分利用的是温度小于350℃的热源，传统的以水（蒸汽）为循环工质的发电系统由于产生的蒸汽压力低，导致发电效率较低，无法产生经济效益。在低温余热发电中多采用有机工质（如 R123、R245fa、R152a、氯乙烷、丙烷、正丁烷、异丁烷等）作为循环工质。由于有机工质在较低的温度下就能气化产生较高的压力，推动涡轮机（透平机）做功，故有机工质循环发电系统可以在烟气温度200℃左右，水温80℃左右实现有利用价值的发电。

低温余热发电过程主要依靠有机朗肯循环（ORC），它是以低沸点有机物为工质的朗肯循环，主要由余热锅炉（或换热器）、透平机、冷凝器和工质泵四种设备组成。有机工质在换热器中从余热流中吸收热量，生成具一定压力和温度的蒸汽，蒸汽进入透平机膨胀做功，从而带动发电机或拖动其他动力机械。从透平排出的蒸汽在凝汽器中向冷却水放热，凝结成液态，最后借助工质泵重新回到换热器，如此不断地循环下去。

整个 ORC 发电系统包括四部分：热源回路、有机工质回路、冷却水回路、电网、ORC 发电系统，组成及发电流程如图5-35所示。

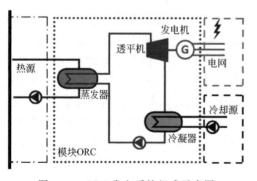

图 5-35　ORC 发电系统组成示意图

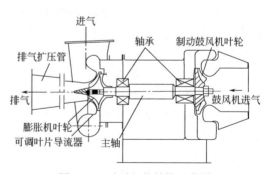

图 5-36　透平机的结构示意图

① 热源（余热资源）进入机组的蒸发器，将热量传递给机组内的工质，热源温度降低并离开蒸发器，送入后续工艺。

② 液态工质进入蒸发器，吸收热源的热量，成为饱和或过热蒸汽后，进入透平机中做功，将自身的热能转化为机械能，同时带动发电机向外输出电力。做完功后的工质进入冷凝器，被冷却水冷却成为液体，经工质泵驱动后进行周而复始的流动。

③ 冷却水在水泵驱动下，进入机组的冷凝器，对工质流体进行冷却。冷却水温度升高并离开冷凝器，送入冷却塔将热量散至大气环境。

④ 发电机发出电能，并入电网使用。

低温余热发电系统的核心设备是透平机，透平机是将流体工质中蕴有的能量转换成机械功的机器，如图 5-36 所示。透平机的工作条件和工质不同，所以结构形式多种多样，但基本原理相似。透平机最主要的部件是一个旋转件，即转子，或称叶轮，它是安装在透平轴上、均匀排列的叶片，流体所具有的能量在流动中，经过喷管时转换成功能，流过叶轮时流体冲击叶轮，推动叶轮转动，从而驱动透平轴旋转，输出机械功。

5.3 新能源发展趋势

5.3.1 太阳能发电发展趋势

除光热和光电转换以外，将太阳能与其他能源转化技术相结合是扩展太阳能应用领域的有效途径，同时也是实现各种能源品位对口、梯级利用的重要手段，因此多元化利用已成为太阳能技术发展的一项显著特征。主要的太阳能利用技术有：

① 太阳能＋空气/地源热泵，以太阳能集热器配合热泵作为主要热源加热循环工质，以常规能源（电能、化石能源）为辅助加热系统，实现全天候不间断热源供给。

② 太阳能空调，是将太阳能光热或光电技术与除湿冷却、吸收式制冷、吸附式制冷、制冰蓄冷等技术相结合，为建筑提供室温调节、食品冷藏、冷冻保鲜等功能。

③ 太阳能通风，是利用太阳能加热空气产生浮力效应，通过建筑内部结构建造太阳能烟囱或太阳能幕墙，实现建筑自然通风，改善内部空气条件。

④ 太阳能照明，利用反光或导光技术将外部太阳光引入建筑内部，利用自然光为办公室、走廊、地下室等不透光区域提供照明，节约建筑系统的电能消耗。

⑤ 太阳能＋海水淡化，一般有 2 种利用方式：第一种利用各种被动式或主动式太阳能蒸馏器直接加热海水，实现蒸发淡化，可在能源紧缺、环境恶劣的条件下独立运行，环境适应性强，投资少；第二种利用太阳能光伏发电驱动反渗透淡化，可就地消耗分布式光伏系统所产生的电能，适用于中国西部内陆、东部沿海以及海岛等光照资源丰富但水资源匮乏地区。

中国具有发展太阳能利用产业的自然优势，其产业发展已具有相当的规模，现正从太阳能利用大国向强国迈进。在此阶段，中国的光热利用已逐步完成产业升级，中高温集热技术得到了普遍重视和开发。光伏发电设备的生产成本得到了显著下降，为今后光电的大规模应用奠定了良好的市场条件。太阳能建筑一体化、多能互补以及多元化应用将会成为太阳能技术未来发展的重要趋势，大规模利用太阳能的新时代即将来临。

5.3.2 风能发展趋势

随着《中华人民共和国可再生能源法》以及环保等其他法规政策的制定，会伴随着诸多措施和优惠福利等相关政策的提出，这也将有助于提高风力发电行业的生产积极性，不断促进风电行业的发展。合理有效地开发利用风能资源，对我国的环境保护、能源结构调整和缓解能源压力等方面具有重要意义。

5.3.3 核能发展趋势

核能的和平利用始于 20 世纪 50 年代。随着科学技术的发展，核电技术已经发展到了第四代。目前美国、法国、中国等国家均在政府支持下开展第四代核电技术的研究。第四代核电技术将在第三代技术基础上进一步提高安全性，降低建设及运营成本，考虑防止核扩散的要求，使未来核电更加安全、廉价。

第四代核能系统主要有钠冷快中子反应堆、高温/超高温气冷堆、熔盐反应堆、超临界水冷堆、铅合金液态金属快冷堆和气冷快堆等。各国第四代核能技术都在力推示范项目以及实现商业化的进程。但事实上，对于这几种技术本身，目前都存在需要克服的瓶颈。四代堆型中最有可能商业化的钠冷快中子反应堆，安全性问题一直备受关注，因为其存在发生钠水反应事故的隐患。钠冷堆由于目标是 30～40 年不更换燃料，所以关键设备及材料质量和寿命期限是亟须解决的问题。对于高温气冷堆，经济性问题则十分突出。

我国在 20 世纪 60 年代就开展对快堆的研究。1987 年以来，快堆研究又纳入了高技术研究发展计划，经过广大科技工作者的努力，已在快堆设计、钠工艺技术、燃料材料和快堆安全等方面取得突破性进展。

5.3.4 生物能发展趋势

目前，国际上生物质的主要研究方向还是把生物质能转换为电力和运输燃料，希望可以做到在一定范围内减少或代替矿物燃料。预计到 2030 年，生物质发电技术将完全市场化，届时将可以与常规能源进行公平竞争，生物质能所占比例也将大幅度提高，成为主要能源之一；同时，生物质制取液体燃料技术也将成熟，部分技术进入商业应用，但生物质液体燃料的商业化程度将取决于石油供应情况和各国对环境要求的程度。预计到 2050 年，生物质发电和液体燃料将比常规的化石能源具有更强的竞争力，包括环境和经济上的优势，将会成为综合指标优于矿物燃料的能源品种。

沼气发电的发展可以有效减轻大气污染防治压力，从我国沼气产量的发展潜力、沼气发电技术、市场需求和政策导向来看，沼气发电在未来 10 年将会有突破性的进展。虽然目前生物质发电产业还存在一些问题，例如生物质能源分布不均、技术不够成熟等，但随着国家相关政策、制度不断完善和技术的不断突破，有望解决生物质锅炉存在的效率低、碱腐蚀、结焦、结渣等问题，从而实现生物质能高效、经济、规模化利用。

5.3.5 氢能发展趋势

在全球能源转型及"碳中和"的过程中，氢能扮演着至关重要的角色。目前，全球已有 20 余个国家先后发布了氢能发展战略。而我国氢能的发展和政策支持密切相关，在政策的加持下，我国氢能产业正迎来蓬勃发展。

2022 年 3 月，国家发展改革委和国家能源局联合印发的《氢能产业发展中长期规划（2021—2035 年）》首次明确了氢能是未来国家能源体系的重要组成部分，并对氢能做出了 15 年长远规划，设立了 2025 年、2030 年、2035 年三个时间节点的五年期发展目标。

虽然我国现有化石能源制氢和碱性电解水制氢技术、低压气态储氢技术已成熟，燃料电池实现了在商用车上的示范。然而，我国氢能产业链还不完整，燃料电池技术与国外差距较大，关键材料及核心部件还依赖进口，核心技术成熟度和自主化程度较低。氢能产业发展需要健全产业链、加强核心技术自主开发。而且制氢所需能源主要为化石能源，如何提高清洁能源，如太阳能、风能在制氢所需能耗中的比例，还任重道远。

思考题

1.请思考传统能源的劣势以及发展趋势。

2.除了本书介绍的新能源外,是否有适合开发利用的新能源,为什么?

3.新能源是取之不尽用之不竭的吗?

4.你能提出一种太阳能、生物质能、地热能、风能、潮汐能的利用方法吗?请查阅资料并形成一个较详细的利用思路。

5.查阅资料,了解国内外的氢能发展政策,了解氢能产业中制氢和用氢环节涉及的主要装备,从个人兴趣和专业内涵的角度分析:在氢能发展的主要方向中,哪些你可以介入,需要具备哪些知识?

6.查阅资料,了解国内外新能源发展政策和方向,找出你喜欢的方向,并分析为什么。

参考文献

[1] 田艳丰,李莉,王惠.能源与环境 [M].北京:中国水利水电出版社,2019.

[2] 张灿勇,火电厂热力系统 [M].北京:中国电力出版社,2007.

[3] 郝晓龙,王咏薇,胡凝,等.太阳能光伏屋顶对城市热环境及能源供需影响的模拟 [J].气象学报,2020,78 (2):16.

[4] 于静,车俊铁,张吉月.太阳能发电技术综述 [J].世界科技研究与发展,2008,30 (1):56-59.

[5] 苗青青,石春艳,张香平.碳中和目标下的光伏发电技术 [J].化工进展,2022,41 (3):1125-1131.

[6] 李焕伟.太阳能光热发电技术现状极其关键设备存在问题探究 [J].电子测试,2020 (2):131-132,120.

[7] 姚兴佳,宋俊.风力发电机组原理与应用 [M].4 版.北京:机械工业出版社,2020.

[8] 张磊.我国风能发电的发展存在的问题和优势 [J].北极光,2016 (10):215.

[9] 成松柏,王丽,张婷.第四代核能系统与钠冷快堆概论 [M].北京:国防工业出版社,2018.

[10] 秋穗正,苏光辉,田文喜,等.先进核电厂结构与动力设备 [M].北京:中国原子能出版社,2016.

[11] 于海明,金中波,张雪峰.生物质能利用技术和装备研究 [M].北京:中国农业出版社,2014.

[12] 丁攀,叶芳,张轲,等.我国农业生物质能利用现状及发展前景 [J].河南农业,2020 (19):22-23.

[13] 雷超,李韬.碳中和背景下氢能利用关键技术及发展现状 [J].发电技术,2021,42 (2):207-217.

[14] 吴素芳.氢能与制氢技术 [M].杭州:浙江大学出版社,2014.

[15] 郭荣华.氢能利用的现状及未来发展趋势 [J].生态环境与保护,2020,3 (8):41-42.

[16] 张加蓉,高嵩,朱桥,等."双碳"目标背景下我国地热发电现状及技术 [J].电气技术与经济,2021 (6):40-44.

[17] 朱杰人,曹先常,陈志良,等.低品位热能有机朗肯循环发电技术进展 [J].低温与超导,2021,49 (1):73-80.

第6章 过程工业智能制造

随着机械、电气和自动化发展，人类对工程中确定性问题的认识与控制已趋成熟。而随着生产效率、成本、质量以及产品个性化需求和服务等方面的迫切要求，出现了大量的不确定性问题，难以用精确的数学模型进行描述，甚至没有一个固定模式。为了能够实现更高效、绿色、可持续的生产制造，准确地认识制造系统中有多少因素相互关联，以及相互影响到何种程度，是需要着重解决的问题。大数据和人工智能等技术为工程师们开启了进一步认识和驾驭非结构化和不确定性的大门，智能制造的概念应运而生。

6.1 过程工业智能制造的必要性

人类社会进入工业化时代后，依靠电气化、自动化和数字化带来的生产系统改进，社会生产力有了质的飞跃。然而，国际经合组织的分析表明，在 2010 年前后的 10 年内人类社会的生产力水平仅仅增长了 0.5%。这迫使人们开始思考提升生产力水平的新办法。

同时，由于工业化给国家经济增长和国民富强带来的好处，各国纷纷发展工业产业，导致全球产能过剩。国际金融危机爆发以来，世界各国制造业均面临着市场需求萎缩、产值下降等困境，客户个性化需求增加、交货期要求越来越短、低能耗高资源利用率等挑战逼迫制造业要转型升级，工业发达国家为此开始思考新的差异化优势方式，大规模定制是选择方向之一。

在提升生产力水平和大规模定制两大需求的驱动下，智能制造作为一种制造技术驱动力，成为了全球关注的焦点。云计算、大数据、物联网等新的信息技术逐渐兴起，给制造业转型奠定了基础，各主要经济体纷纷提出以信息技术提升传统制造业发展的国家级战略和规划，如美国的"先进制造业国家战略"、德国的"工业 4.0"、日本的"科技工业联盟"、英国的"工业 2050 战略"等。

改革开放以来，我国制造业拥有世界上最完备的工业体系，工业涵盖 666 个小类、207 个中类、41 个大类。在 500 种主要工业产品中，我国有超过 40% 的商品产能居全球第一。2021 年，我国制造业增加值已达到 31.4 万亿美元，占全球比重近 30%。哈佛大学曾表示，中国生产的商品几乎填补了全球产品的所有已知领域。

21 世纪初，国际金融危机后，发达国家高端制造回流与中低收入国家争夺中低端制造转移同时发生，对我国形成了"双向挤压"，面临极为严峻的挑战：

ⅰ.产业结构不合理，新产能重复投资造成产能过剩；

ⅱ.老旧产能效率低下，资源利用效率低下；

ⅲ.安全、环境问题凸显;

ⅳ.管理理念和机制存在差距;

ⅴ.产品同质化,主创新能力不强,附加值不高;

ⅵ.人口老龄化,技能劳动力出现短缺。

新的信息技术发展,给传统制造业转型带来了新契机,我国于 2015 年提出"中国制造 2025",实施制造强国计划,智能制造成为主攻方向,目的是将信息技术与制造技术深度融合,贯穿于设计、生产、管理、服务等各个环节,形成具有自感知、自学习、自决策、自执行、自适应等自适应特征的新型生产方式。

由于发展智能制造的背景和基础条件不同,各国制定的目标与实现路径也有差异。表 6-1 中对比了中国、美国、德国的智能制造发展规划。不难发现,在这场占据制造业产业变革制高点的争夺中,各国都将发展智能制造作为其战略核心,推动制造业向数字化、网络化、智能化发展,向绿色化、服务化转型。在可以预见的未来,以智能制造为代表的新一轮产业革命,将是释放未来竞争力的关键,发展智能制造是制造业转型升级的必经之路。

表 6-1 中国、美国、德国的智能制造发展规划

项目	中国	美国	德国
背景	制造业大而不强,全而不优	美国出现去工业化趋势,2008 年金融危机唤醒美国对去工业化弊端的认识,计划启动再工业化并利用信息技术重塑工业格局	从 20 世纪中后期起,德国等发达国家将部分制造业的转移,促进了新兴国家产业升级与经济增长,但对发达国家的制造业造成了较大的竞争压力
愿景	通过信息化新技术与制造业深度融合,大幅提升中国制造业创新能力、优化制造业结构、高质量发展、培育更多的著名品牌	通过工业格局的重塑,实现先进制造业的持续创新,引领全球制造业走向	着力聚焦解决全球所面临的资源和能源短缺问题,关注制造的产品、过程和模式创新
目标	跻身世界制造强国行列	实现在高端制造业中的领导地位	保证制造业的领先地位
技术领域	优先发展的重点领域包括航空航天、船舶、先进轨道交通、节能和新能源汽车、医疗器械等	重点聚焦先进传感、先进控制和平台系统;虚拟化、信息化和数字制造;先进材料制造	聚焦生产模式、生产管理、生产安全等更高层面的制造理念,围绕信息物理系统的核心,建设网络化、智能化的新生产模式
行动路径	立足制造本质,紧扣智能特征,以工艺、装备为核心,以数据为基础,依托制造单元、车间、工厂、供应链等载体,构建虚实融合、知识驱动、动态优化、安全高效、绿色低碳的智能制造系统,推动制造业实现数字化转型、网络化协同、智能化变革	拟从 CPU、系统、软件、互联网等信息端,利用大数据分析等工具"自上而下"地重塑制造业模式	突出发展新的信息技术并广泛应用于制造领域,对制造产品的全生命周期以及完整的制造流程进行集成和数字化,构筑一种高度灵活,具备个性化特征的产品与服务的制造模式。强化以制造业为重点的基础 STEM(科学、技术、工程、数学)教育

过程工业智能化的目标是提高过程控制能力和决策科学性,使整个系统自动运行在最优的、平稳的、安全的条件下,使原料、能源和资产的利用率达到最优,能够适应不断增长的个性化需求。当前,我国制造业整体水平还比较低,过程工业尤其突出,着力提升过程工业的智能制造水平是未来发展的重点方向。

6.2 过程工业智能制造基础

6.2.1 智能制造的基本内涵及特点

按照智能制造系统国际合作研究计划对智能制造的定义，智能制造系统是一种在整个制造过程中贯穿智能活动，并将这种智能活动与智能机器有机融合，将整个制造过程从订货、产品设计、生产到市场销售等各个环节以柔性方式集成起来的，能发挥最大生产力的先进生产系统。

按照这个定义，过程工业智能工厂应当考虑从工艺设计、工程建设到生产运行的全生命周期生产及管理的自动化、数字化和智能化，并且均采用成熟可落地的先进技术，帮助企业达到安全生产、降本增效和提高决策效率的目的，使企业最终实现数字化转型。

针对智能制造内涵，各国各机构都有不同的定义，表6-2对不同国家或机构对智能制造的理解作了对比。

表6-2　智能制造内涵对比表

来源	定义	侧重点
德国工业4.0	通过广泛应用互联网技术，实时感知、监控生产过程中产生的海量数据，实现生产系统的智能分析和决策，生产过程变得更加自动化、网络化、智能化，使智能生产、网络协同制造、大规模个性化制造成为生产新业态	侧重信息物理融合系统（CPS）的应用以及生产新业态
美国《智能制造系统现行标准体系》	有以下核心特征：具有互操作性和增强生产力的全面数字化制造企业；通过设备互联和分布式智能来实现实时控制和小批量柔性生产；快速响应市场变化和供应链失调的协同供应链管理；集成和优化的决策支撑用来提升能源和资源使用效率；通过产品全生命周期的高级传感器和数据分析技术来达到高速的创新循环	侧重柔性生产、协同供应链、能源和资源利用等智能制造目标
美国智能制造领导力联盟（SMLC）	集成了网络产生的数据和信息，包括了制造型和供应链型企业所涉及的实时分析、推理、设计、规划和管理等各方面，即制造智能，可通过广泛、全面、有目的地使用传感器产生的数据进行分析、建模、仿真和集成，为企业提供实时的决策支持	侧重数据与信息的获取、建模、应用、分析等
中国《国家智能制造标准体系建设指南（2021版）》	基于先进制造技术与新一代信息技术深度融合，贯穿于设计、生产、管理、服务等产品全生命周期，具有自感知、自决策、自执行、自适应、自学习等特征，旨在提高制造业质量、效率效益和柔性的先进生产方式	先进制造技术与新一代信息技术深度融合，产品全生命周期，智能特征等

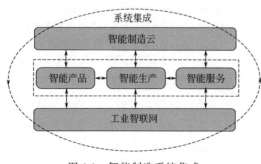

图6-1　智能制造系统集成

智能制造系统是由智能产品、智能生产及智能服务三大功能系统以及工业智联网和智能制造云两大支撑系统集成（如图6-1所示）。其中，智能生产是主线，包括智能化的装备和制造过程智能化。智能制造包括产品智能化、装备智能化、制造智能化和服务智能化四个层次，图6-2为智能制造模式。

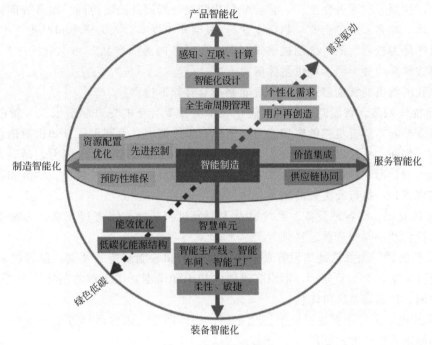

图 6-2　智能制造模式

（1）产品智能化

工业时代产品价值由企业定义，用户只能在企业生产的产品范围内进行选择。而智能制造时代则更强调消费与制造之间的互联，支持产品的个性化定制和柔性制造，产品价值由企业和用户共同定义，实现产品智能化就要要求产品具有智能化设计，发挥用户在产品应用过程中的再创造能力，并能够实现。

（2）装备智能化

工艺和装备是智能制造的核心，也是智能制造实现的重要载体。装备智能化是指融合物联网、大数据、云计算和人工智能等技术，使生产设备或生产线具有感知、分析、推理、决策、执行、学习及维护等方面的自组织和自适应能力。通过过程装备的智能化，提高工艺控制水平和产品质量、提高制造系统的运行效率和柔性化、降低系统的资源消耗和成本、提高生产过程的安全和绿色化水平。装备智能化有两个维度：单台装备智能化，基于多台智能化装备互联形成的智能生产线、智能车间和智能工厂。根据不同行业和制造系统复杂程度的不同，两个维度的推进方式不完全相同。

（3）制造智能化

传统工业化条件下的生产模式追求最佳的生产规模，用户能够选择的产品完全取决于制造企业。而智能制造通过新的信息技术、人工智能、知识管理和知识自动化，可建立消费与制造过程间无障碍的沟通，供应链中的协同关系，制造系统和过程可根据不同的产品自动进行重组，生产模式转型为个性化定制、极少量生产、服务型制造以及云制造等新的模式。制造智能化强调根据需要重组客户、供应商、经销商以及企业内部组织的关系，重构生产体系中信息流、产品流、资金流的运行模式，重建新的产业价值链、生态系统和竞争格局。

（4）服务智能化

智能制造为了实现价值链中所有利益相关方的价值增值，将制造与服务融合，企业相互提供生产性服务和服务性生产，整合分散化的制造资源并高度协同。服务智能化关注不同类型主体（顾客、服务企业、制造企业），强调知识资本、人力资本和产业资本的融合，从以"以产品为核心"的传统制造模式，向"以服务内涵的产品"和"依托产品的服务"的制造模式转变，并为顾客提供整体解决方案。

按照我国给出的智能制造定义，智能制造具有如下特点：

① 智能＋制造。智能制造是以智能化技术为重要特征的先进制造模式，智能化与自动化有显著差异，具有更强的感知能力、记忆和思维能力，可利用已有知识对信息进行分析、比较、判断、联想以及行为决策，还有一定的学习能力和自适应能力，是对人类认知模式和脑力的学习和延伸。智能化技术将涵盖产品的设计、生产、销售、物流和服务等全过程，实现感知、执行及决策的闭环。

② 集成互联。将各种设备、系统以及人等通过物联网技术进行互联，为智能化、个性化、柔性化和协同制造奠定基础。

③ 数据驱动。大数据是知识管理、知识自动化和智能制造的基础，制造过程中的各类数据经过采集、加工及分析，形成有价值的知识和模型，用于对各制造环节进行评价、监控、预测、控制以及决策优化。

④ 模式创新。智能制造引导个性化定制、协同制造、远程运维等新型业态，推动企业转型和制造业生产方式变革。

⑤ 多准则下的目标优化。与传统规模制造模式不同，智能制造面向客户个性化需求，以安全、环境、质量、效率、交期、成本、服务等为优化目标，以最优的生产周期提供高质量产品、全方位服务和个性化需求，并创造新的价值。

⑥ 强调全价值链的智能化和协同创新。汇集一切有益的数据信息和资源要素，推动设计、生产、销售、服务、管理等各项业务流程优化、协同以及深度融合，形成关于物理实体之间、数字与现实世界之间、组织架构与业务模式之间、在线过程控制与管理决策之间以及生产制造与个性化服务之间深度融合的综合体。

6.2.2 智能制造涉及的关键技术

许多面向未来的制造企业都试图通过智能制造战略提高企业管理水平和盈利能力，未来智能工厂涉及的关键技术包括：

① 云计算。工业云计算是包括业务流程、事物、系统、组件和人在内的智能网络系统，它可以整合数据存储和在线软件应用，是智能制造系统的重要支撑。

② 虚拟化。虚拟化技术现在已经发展出多种，包括操作系统虚拟化、服务器虚拟化、控制器虚拟化等，这些技术使虚拟测试和虚拟运行成为可能。

③ 数字化工具。新的数字化工具的出现，比如性能分析器、系统文档变更管理、风险管理器、在线备件库等简化了跨多业务的流程，并能降低一半的维护工作。

④ 数据互联。通过数据的全局互联和系统的互通互享，挖掘数据获取对业务的深刻洞察。其中一个关键是工业互联软件平台的发展，这类平台通常包含数据的安全协议和数据分析软件，是连接工业物联网数据连接层、接口层和云服务层的重要工具。其中，如何把专家体系和工厂运营实时连接起来，正是数据互联的核心。

⑤ 虚拟现实技术。通过实现移动互联、虚拟和增强现实，为现场、远程和集中工人提供实时支持。

⑥ 智能分析。涉及到机器学习、深度学习、实时优化等人工智能技术，与传统制造

模式下强调装备的自动化和智能化不同，在智能制造时代，智能分析将贯穿于设计、生产、销售、服务、管理等制造活动的各个环节，使整个系统具有信息深度感知、精准控制、智慧决策、协同运营等能力。

6.2.3 过程工业智能控制基础

（1）智能控制技术的产生

传统控制理论包括经典控制理论和现代控制理论，是基于被控对象精确模型的控制，缺乏灵活性和应变能力，适用于解决线性、时不变性等控制问题。

随着工业生产规模的不断扩大和工艺要求的提高，参数之间、设备之间、系统之间的关系越来越密切，涉及到多尺度、多准则目标下的控制，实际系统由于复杂性、非线性、时变性、不确定性和不完全性等，难以建立被控过程和对象的精确数学模型，或难以建立鲁棒性强的模型。同时，在多准则目标下，过程控制有多样化、高性能的控制要求，最优化控制已不仅仅局限在对生产过程的控制，而是把生产与经营管理融合，实现管控一体化，目标兼具安全生产、产品质量、生产成本和能耗、良好的服务和产品个性化等。因此，传统控制方法在实际应用中遇到很多难以解决的问题，从而提出了智能控制。

1985 年 8 月，电气与电子工程师协会（IEEE）在美国纽约召开了第一届智能控制学术讨论会，随后成立了 IEEE 智能控制专业委员会。1987 年 1 月，在美国举行了第一次国际智能控制大会，标志着智能控制领域的形成。近年来，神经网络、模糊数学、专家系统、进化论等学科的发展给智能控制注入了巨大的活力，由此产生了各种智能控制方法。

（2）智能控制系统的基本结构

智能控制是用人的思维方式建立逻辑模型，将控制理论的方法、人工智能技术、信息论和运筹学等灵活地结合起来，使用类似人脑的控制方法来进行被控对象的控制，这种方法能够适应于对象的复杂性和不确定性。智能控制的核心是设计一个控制器（或系统），使之具有学习、抽象、推理、决策等功能，并能根据被控对象（或被控过程）及其环境的变化作出适应性反应，可在复杂环境中减少人为干预，甚至完全通过自主感知、自主分析和自主决策，在无人为干预情况下自主地驱动控制机构实现其最优化控制目标。

智能控制的产生和发展表明智能控制是一门交叉学科。20 世纪 70 年代，傅京逊和 G. N. Saridis 先后提出二元论（智能控制＝人工智能∩自动控制）和三元论（智能控制＝人工智能∩自动控制∩运筹学）。考虑到信息论参与到了智能控制的全过程，蔡自兴教授在三元结构的基础上补充了信息论作为智能控制的一个重要组成部分，提出了智能控制的四元结构（智能控制＝人工智能∩自动控制∩运筹学∩信息论）如图 6-3 所示。

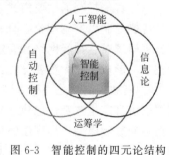

图 6-3 智能控制的四元论结构

在多元学科交叉的智能控制结构中，人工智能是一个用来模拟人思维的知识处理系统；自动控制描述系统的动力学特性，是一种动态反馈；运筹学是一种定量优化方法，如线性规划、网络规划、调度、管理、优化决策和多目标优化方法等；信息论是运用概率论与数理统计的方法研究信息、通信系统、数据传输、密码学、数据压缩等问题的应用数学学科。

人工智能技术在智能控制中的应用主要体现在：利用神经网络等智能算法对控制对象进行动态环境建模，利用多传感器数据融合技术来进行信息的预处理和信息综合，通过数据挖掘提炼专家规则并建立专家系统以选择较好的控制模式和控制参数，利用模糊决策等方法选取最优控制路径和规划控制动作,利用机器学习的学习功能和并行处理信息的能力对不完备信息进行在线识别和处理。

智能控制器的一般结构如图 6-4 所示。

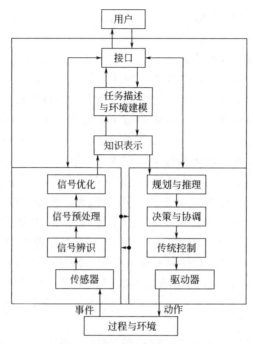

图 6-4　智能控制器的一般结构

在该结构中,感知信息处理部分按照任务要求完成过程与环境参数的采集、处理、分析以及对象描述模型的辨识,并传达给规划控制部分;认知部分主要负责接受任务,对任务进行描述和环境建模,并完成知识描述,做出状态评估和控制策略建议,传达给规划/控制部分。

(3) 智能控制的主要模式

智能控制以控制理论、计算机科学、人工智能和运筹学等学科为基础,融入专家系统、模糊逻辑、神经网络和智能搜索等理论,以及自适应控制、自组织控制和自学习控制等技术,形成了几大重要分支:模糊控制、专家控制、神经网络控制和智能组合控制。

① 模糊控制。是一种以模糊数学理论和方法为理论基础的控制模式。模糊逻辑控制用模糊语言定量或定性地建立对象模型,以确定性规则描述系统变量间的关系,而不依赖于精确的数学模型。模糊逻辑控制特别适用于非线性、时变、滞后和模型不完全系统的控制,是一种较理想的非线性控制器,具有较佳的鲁棒性、适应性及容错性。

② 专家控制。利用专家知识对复杂的问题进行描述。专家知识常常体现为特定的规则和策略(如"if…then…"),专家控制系统的关键在于专家知识的提取,为了适应环境和需求的动态变化,需要建立持续学习机制,以不断提取和完善专家知识。

③ 神经网络控制。这种控制技术模拟人类大脑神经元思维模式,按一定的拓扑结构进行学习和调整,具有并行计算、分布存储、可变结构、高度容错、非线性运算和自学习等特性。神经网络在智能控制的参数、结构或环境的自适应和自学习等控制方面具有独特的能力。

④ 组合智能控制。这类控制系统的目标是提高控制系统整体优势,将智能控制、智

能算法与常规控制模式有机组合，优势互补。如：PID 模糊控制器、自组织模糊控制器、基于神经网络的自适应控制系统、重复学习控制系统、基于智能搜索算法的最优控制等。

（4）智能控制在过程工业的应用

① 模糊控制在过程控制中的应用。

ⅰ.工业炉方面：如退火炉、电弧炉、水泥窑热风炉、煤粉炉的模糊控制。

ⅱ.石化方面：如蒸馏塔的模糊控制、废水 pH 值计算机模糊控制系统、污水处理系统的模糊控制等。

ⅲ.煤矿行业：如选矿破碎过程的模糊控制、煤矿供水的模糊控制等。

ⅳ.食品加工行业：如甜菜生产过程的模糊控制、酒精发酵温度的模糊控制等。

② 基于神经网络的单元级智能控制。大庆炼化公司在油品调和的过程中成功使用智能控制提高了石油调和的精度。该系统建立了基于神经网络技术的石油调和预测模型，对汽油指标参数进行控制预测和推算，进而利用参考轨迹分析、反馈矫正等方法和技术，将预测结果与实际生产数据进行滚动比较分析，得出优化控制策略和控制指令，从而通过在线管道油品调和系统实施，实现了石油生产过程中对油品调和的智能控制，在线保证了油品调和质量。

③ 改善控制鲁棒性和稳定性。化工生产过程中，控制的精准性、鲁棒性及控制结果的稳定性往往受制造环境、装置、物料和控制参数等条件的影响。当条件出现变化时，控制系统能否及时识别并进行相应的调整，对生产运行的稳定性、产量和质量有很大影响。但是，在多数场景下，制造环境、装置、物料等条件与最优化的控制参数设定存在复杂的非线性关系，难以建立精确的机理模型。基于人工智能和大数据技术，结合一定的机理，可建立足够精度的对象描述模型，并动态更新，从而预测环境条件变化对控制质量的影响和进程，测算控制参数对控制效果的改善程度，并能不断自动丰富和完善智能控制的知识库和模型库。

6.2.4 智慧化单元操作与单元过程

过程工业智能制造是将云计算、物联网、大数据为代表的新一代信息技术与现代制造业、生产性服务业等深度融合，以推动产业转型升级，推动以生产工艺智能优化和生产全流程整体智能优化为特征的制造模式，实现企业全局及生产经营全过程的高效化与绿色化。

过程工业生产的基础单元是单元操作和单元过程。单元操作是指过程工业生产工艺中所包含的物理过程，涉及传质过程、传热过程、流动过程、机械过程和热力过程。化工单元过程也叫化工单元反应，是具有共同化学变化特点的基本过程。同类的单元操作和单元过程在不同的生产过程中，对具体条件或参数要求往往不同，提升单元操作与单元过程的感知和决策控制水平，由自动化升级为智能化，是过程工业在单元尺度上的重要任务，也是过程工业实现智能制造的基础。

（1）基于信息物理系统的智慧化单元架构

过程工业智能制造发展的过程中，将智能化贯穿于设计、生产、管理、服务等各个环节。智能化单元操作与单元过程是立足于实现柔性化过程、面向供应链整体化，具有自我感知、自我控制、自我优化能力的集成系统。

如图 6-5 所示，CPS 利用物联网的过程感知、信息传递和信息处理技术，精准监测、描述并智能控制生产全过程。同时，操作单元与基于云端的生产调度、技术以及客户服务等单元间实现实时通信，在工艺、质量、环境安全等约束条件下进行操作优化。

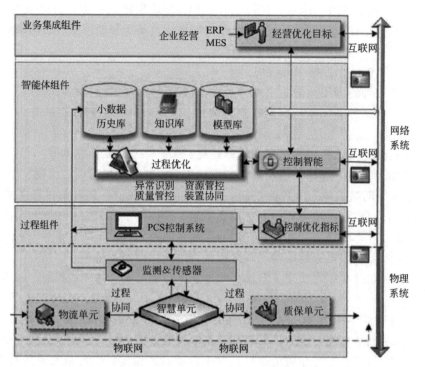

图 6-5 基于信息物理系统（CPS）结构的智慧化单元

（2）智慧化单元的控制过程

一般而言，CPS 从对物理实体的状态监测到实现智能控制由五个环节构成，分别是：状态感知、实时分析、科学决策、控制执行、自学习自进化。

CPS 在感知与数据分析过程中，信息通过决策判断和控制、反馈和验证后转化为有效知识，并固化在 CPS 知识库中，形成 CPS 的自学习机制，该机制的目标是实现更精准的决策控制、更稳定的控制质量和更高效的物理实体运行，如此持续改进，就形成了 CPS 的自进化性。

（3）过程工业智能制造技术典型架构

石化工业是过程工业的典型代表，石化厂智能化技术架构主要包括工厂计算、人机协同智能、大数据与知识自动化、创新的制造与管理模式 4 个方面（见图 6-6）。石化厂智能化的应用重点在于围绕物质流、能量流、信息流的"三流"融合问题，开展研发设计、供应链管理、生产运行、经营决策、产业链协同、营销与服务 6 个领域的集成优化，满足个性化需求、柔性化、智能化、绿色化的要求。

6.2.5 过程软测量技术

在过程工业，往往需要对与产品质量、工艺以及安全相关的指标变量进行实时检测和评价，以实现制造过程的智能化管理和控制。但是，由于技术或经济原因，目前有不少指标还难以用传感器进行在线检测。比如，精馏塔塔顶和塔釜的组分浓度、反应器中的反应物浓度分布、发酵罐中的生物量参数和纸浆生产中的卡伯值等。而开发符合要求的新传感器所需的时间周期往往比较长，随着统计建模、智能建模等方法的出现和应用，这类指标检测可以通过检测容易测量且与目标指标有关系的指标值，估计得到目标指标值。这种方法被称为软测量技术（图 6-7），它是一种间接测量方法。

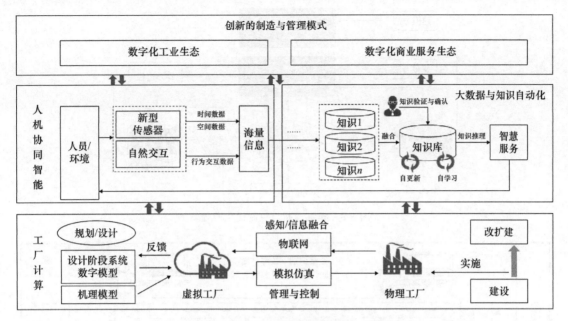

图 6-6　石化厂智能化技术框架示意图

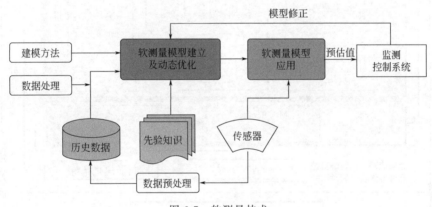

图 6-7　软测量技术

　　软测量技术的核心是软测量模型，其重点是模型建立和模型优化两个过程。模型建立一般是指基于历史数据，运用工艺机理模型或其他工艺知识及方法，建立预测估算目标量的数学模型。由于所建立的模型依赖于建模时采用的数据，在模型应用过程中，应根据实时数据和模型反馈信息，建立模型修正和进化机制，实现模型的自学习和自进化，以提高模型的鲁棒性。

6.3　过程装备智能化管理应用

　　过程工业属装备密集型行业，智能制造的基础是装备智能化，图 6-8 所示为智能化设备管理系统中自学习的异常诊断与控制优化原理图。图 6-9 为基于工业互联网的智能设备模型，该模型在工业互联网的基础上，综合了资产管控、装置协同、运行优化以及故障识别与诊断等功能。

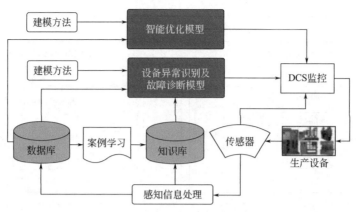

图 6-8　异常诊断与控制优化原理

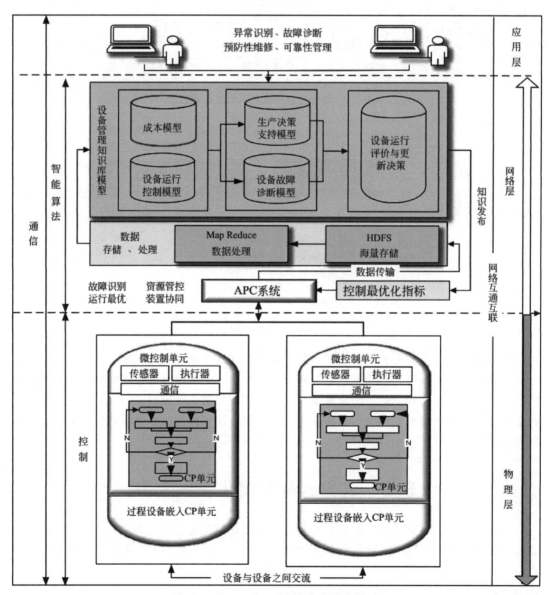

图 6-9　基于工业互联网的智能设备模型

当前，人工智能技术已成功应用于设备管理过程中的设备故障预测、设备预防性维护与维护周期优化两个方面。通过传感器可以感知设备温湿度、压力、机器噪声、振动信号等多维度参数，与传统人工巡检效率低、经验要求高、不连续、获取信息少、信息可挖掘价值低等不足相比，智能化实现了监测设备全天候运行状态，通过大数据分析有效预测设备故障情况，由事后维修变为事先预防，并能按实际情况对维护周期进行优化，避免了过去刚性维护的不足，在降低人力成本的同时也提高了运维效率以及生产效益。

6.4 过程装备与控制工程人才需要具备的学科知识

"未来工厂"将会是一种全新的生产范式，工厂的结构、流程和人员都将进行重新配置，而这一切改变都源自新一代信息技术与工业的深度融合。在未来的过程工业制造厂，数字孪生应用、智能化生产、智慧化管理、协同化制造、绿色化制造、安全化管控以及社会经济效益等将成为重点关注对象，工业物联网、数字孪生、人工智能、AR/VR、大数据分析、预测性维护等关键技术将被大量采用。智能化、无人化、绿色化，不仅是构建化工未来工厂的核心要素，也是勾画未来社会蓝图的创新路径。

装备是所有工业的基础，装备智能化是实现过程工业智能制造的重点。过程装备与控制工程学科通过研究和实现过程装备服务并引领过程工业的发展，研究、开发与设计智能化的装备正在成为趋势，当代过程装备与控制工程专业人才培养需要注意：

① 现代过程装备及其智能化涉及学科门类多，交叉性和综合性很强，但数学、物理、化学等自然科学的基础性地位很明显，也是后续所有课程的基础，掌握理论基础知识及其应用方法至关重要。

② 通常，过程装备既包括相应的机器/设备，也涉及相应的过程，还涉及系统的集成。因此，不但需要掌握机械基础和装备类专业课程的学习（如机械原理、机械设计、过程设备设计、流体机械等），还需要掌握过程类相关学科的知识（如化工原理、工程流体力学、工程热力学等）、系统集成相关的知识（如过程装备成套技术、自动控制原理、过程装备控制技术及应用等）。

③ 过程装备智能化是装备与自动化技术、现代信息技术、人工智能、大数据、现代仿真等技术的融合，需要重视相关知识和工具软件（如计算机辅助三维设计软件、数学建模软件、动力学仿真软件、流场仿真软件等）的学习及应用。

思考题

1. 结合文献，分析过程工业智能制造的必要性。
2. 过程工业智能制造的基本内涵及特点。
3. 过程工业智能制造涉及的关键技术。
4. 查阅资料，举一个过程装备或生产过程实现智能化的例子，并分析其智能化的内容。
5. 初步分析开发一套智能化的过程装备可能涉及的学科知识。
6. 通过文献分析，了解过程工业及过程装备智能化发展趋势。

参考文献

[1] 中国电子技术标准化研究院.智能制造能力成熟度白皮书 1.0 [R].北京：中国电子技术标准化研究院，2016.

［2］ 胡权.重新定义智能制造［J］.清华管理评论，2018（1-2）：78-89.

［3］ 刘金琨.智能控制理论基础、算法设计与应用［M］.北京：清华大学出版社，2019.

［4］ 蔡自兴.智能控制导论［M］.3 版.北京：中国水利水电出版社，2019.

［5］ Shuai M，Bing W，Yang T，et al. Opportunities and Challenges of Artificial Intelligence for Green Manufacturing in the Process Industry［J］. Engineering，2019（5）：995-1002.

［6］ 张建琳.“中国制造”连续 11 年夺全球桂冠！哈佛：中国产商品几乎填补全球［EB/OL］. https：// baijiahao. baidu. com/s？id＝1710762112437620555&wfr＝spider&for＝pc，2021-09-13.

［7］ 董洁.为什么要制定中国制造 2025［EB/OL］. http：//www. 71. cn/2015/0721/823381. shtml，2015-07-21.

［8］ 中国电子技术标准化研究院.智能制造发展指数报告［R］.北京：中国电子技术标准化研究院，2021.

［9］ 吉旭，周利.化学工业智能制造——互联化工［M］.北京：化学工业出版社，2020.

［10］ 霍尼韦尔.流程工业智能工厂白皮书——从洞察到成果［R］.霍尼韦尔（中国）有限公司智能制造研究院，2019.

［11］ 周义.物联网与过程工业智能优化制造［J］.自动化博览，2017，34（3）：44-45.

［12］ 袁晴棠，殷瑞钰，曹湘洪，等.面向 2035 的流程制造业智能化目标、特征和路径战略研究［J］.中国工程科学，2020，22（3）：148-156.

［13］ 臧冀原，刘宇飞，王柏村，等.面向 2035 的智能制造技术预见和路线图研究［J］.机械工程学报，2022，58（4）：285-308.

［14］ ZHOU J，LI P，ZHOU Y，et al. Toward new-generation intelligent manufacturing［J］. Engineering. 2018，4（1）：11-20.

第7章 专业培养目标及大学生创新能力培养

7.1 专业的培养目标及毕业基本要求

过程装备与控制工程培养系统掌握数学、物理、化学等自然科学原理及化学工程、机械工程、控制工程和材料工程等相关工程知识，具备人文素质、社会责任感和国际视野，适应机械、化工、轻工、石油、能源、制药、制冷、动力、环保、生化、食品等相关行业发展需求，能使用现代工具开展过程装备的设计、研发、集成创新和工程管理等工作，具备解决过程装备复杂工程问题的能力，富有团队合作和创新精神的高素质应用型人才。

专业培养目标强调了大学期间应培养的自然科学知识、主要工程知识和基本素养。

① 自然科学知识。这是支撑专业学习和专业能力成长的基础，直接影响到专业工程知识的理解、学习和研究。本专业需要学习的自然科学知识，涉及数学（高等数学、线性代数、概率与数理统计、数值计算方法等）、物理（普通物理）、化学（普通化学）。

② 工程知识。主要围绕专业相关的工程领域，解决相关工程问题需要具备的工程制图、力学知识（理论力学、材料力学、流体力学、工程热力学、弹性力学等）、机械原理、机械设计、化工原理、机械制造基础、液压传动及控制、材料腐蚀与防护、过程设备设计、过程流体机械、过程装备成套技术、过程装备制造与检测、电工电子基础、自动控制原理、过程装备控制技术及应用等，以及相关实践环节。

③ 基本素养。主要包括：职业道德、社会责任感、人文社会科学素养、团队协作、沟通表达、多学科环境下的项目管理、自主学习和终身学习的意识及能力。

专业毕业时应结合过程装备与控制工程专业的内涵和特点，达到如下基本要求：

① 工程知识：能够将数学、自然科学、工程基础和专业知识用于解决复杂工程问题；

② 问题分析：能够应用数学、自然科学和工程科学的基本原理，识别、表达、并通过文献研究分析复杂工程问题，以获得有效结论；

③ 设计/开发解决方案：能够设计针对复杂工程问题的解决方案，设计满足特定需求的系统、单元（部件）或工艺流程，并能够在设计环节中体现创新意识，考虑社会、健康、安全、法律、文化以及环境等因素；

④ 研究：能够基于科学原理并采用科学方法对复杂工程问题进行研究，包括设计实验、分析与解释数据、并通过信息综合得到合理有效的结论；

⑤ 使用现代工具：能够针对复杂工程问题，开发、选择与使用恰当的技术、资源、现代工程工具和信息技术工具，包括对复杂工程问题的预测与模拟，并能够理解其局

限性；

⑥ 工程与社会：能够基于工程相关背景知识进行合理分析，评价专业工程实践和复杂工程问题解决方案对社会、健康、安全、法律以及文化的影响，并理解应承担的责任；

⑦ 环境和可持续发展：能够理解和评价针对复杂工程问题的工程实践对环境、社会可持续发展的影响；

⑧ 职业规范：具有人文社会科学素养、社会责任感，能够在工程实践中理解并遵守工程职业道德和规范，履行责任；

⑨ 个人和团队：能够在多学科背景下的团队中承担个体、团队成员以及负责人的角色；

⑩ 沟通：能够就复杂工程问题与业界同行及社会公众进行有效沟通和交流，包括撰写报告和设计文稿、陈述发言、清晰表达或回应指令。并具备一定的国际视野，能够在跨文化背景下进行沟通和交流；

⑪ 项目管理：理解并掌握工程管理原理与经济决策方法，并能在多学科环境中应用；

⑫ 终身学习：具有自主学习和终身学习的意识，有不断学习和适应发展的能力。

7.2 大学生创新能力培养需要具备的基础

当前，我国正在实施创新驱动发展、"中国制造2025""互联网＋""网络强国""一带一路"等重大计划，为响应国家需求，支撑服务以新技术、新业态、新产业、新模式为特点的新经济蓬勃发展，突破关键核心技术，构筑先发优势，在未来全球创新生态系统中占据战略制高点，迫切需要培养大批新兴工程科技人才。除了需要完成自然科学知识、专业基础知识以及通识类课程的理论学习，新工科人才培养模式将以完成项目、解决问题为逻辑，突出学生中心地位及其能力培养，这与传统的基于学科逻辑的人才培养模式是完全不一样的。在这种模式下，往往与现代工具的应用、数据的处理以及文献研究紧密联系，下面重点对这三个方面进行简单介绍。

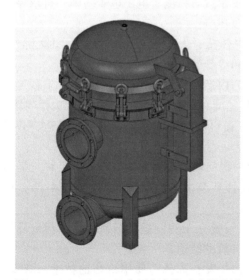

图 7-1 SolidWorks 经典压力容器过滤器设计

7.2.1 现代工具

现代工具往往指的是有特定功能的计算机软件。

（1）SolidWorks

SolidWorks 软件是世界上第一个基于 Windows 开发的三维 CAD 系统。Solidworks 软件有功能强大、易学易用和技术创新快三大特点，这使其成为领先的、主流的三维 CAD 解决方案。它不仅能够提供不同的设计方案、减少设计过程中的错误以及提高产品质量，而且对工程师和设计者来说，操作较为简单方便。软件使用举例见图 7-1。

（2）Pro/Engineer

Pro/Engineer 操作软件是美国参数技术公司（PTC）旗下的 CAD/CAM/CAE 一体化的

三维软件。Pro/Engineer 以参数化著称，是参数化技术的最早应用者，在三维造型软件领域中占有重要地位，是现今主流的 CAD/CAM/CAE 软件之一，特别是在国内产品设计领域占据重要位置。

（3）UG

UG（UnigraphicsNX）是 Siemens PLM Software 公司出品的一个产品工程解决方案，它为用户的产品设计及加工过程提供了数字化造型和验证手段。主要针对用户虚拟产品设计和工艺设计的需求，提供了经过实践验证的解决方案。作为一个交互式 CAD/CAM 系统，它功能强大，可以轻松实现各种复杂实体及造型的建构。

（4）ANSYS

ANSYS 软件是美国 ANSYS 公司研制的大型通用有限元分析（FEA）软件，能与多数计算机辅助设计（CAD）软件连接，实现数据的共享和交换，如 Creo、NASTRAN、AutoCAD 等，在核工业、铁道、石油化工、航空航天、机械制造、能源、汽车交通、国防军工、电子、土木工程等领域有着广泛应用（图 7-2）。ANSYS 功能强大，操作简单方便，已成为国际流行的有限元分析软件。

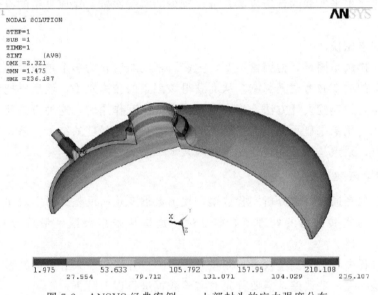

图 7-2 ANSYS 经典案例——上部封头的应力强度分布

（5）ABAQUS

ABAQUS 是达索 SIMULIA 公司旗下的有限元分析软件。ABAQUS 有两个主求解器模块：ABAQUS/Standard 和 ABAQUS/Explicit。ABAQUS 还包含一个全面支持求解器的图形用户界面，即人机交互前后处理模块。ABAQUS 可以分析复杂的固体力学结构、力学系统，能够驾驭非常庞大复杂的问题和模拟高度非线性问题。ABAQUS 不但可以做单一零件的力学和多物理场分析，同时还可以做系统级的分析和研究。由于 ABAQUS 优秀的分析能力和模拟复杂系统的可靠性，使得 ABAQUS 被广泛采用。

7.2.2 实验及数据处理

实验是创新性研究的一个重要手段，其目的是通过科学分析实验得到的数据，揭示出数据变化所反映的科学规律。这涉及实验的设计、实验数据的处理以及基于实验数据的数学建模等基本内容。

7.2.2.1 实验设计方法

传统的实验设计方法有很多种，常用的方法有正交实验设计、均匀实验设计、单因素轮换法、优选法、序贯实验设计、回归实验设计、旋转设计、各种混料设计及遗传算法等。这里简单介绍正交实验设计、均匀实验设计和单因素轮换法，实际中究竟采用哪一种方法，应根据实验的具体条件和因素进行合理选择。

（1）正交实验设计

正交实验设计是研究多因素多水平问题的一种实验设计方法。根据正交性，从全面实验中挑选出部分有代表性的点进行实验，这些有代表性的点具备均匀分散、齐整可比的特点。正交实验设计的主要工具是正交表，实验者可根据试验的因素数、因素的水平数以及是否具有交互作用等需求查找相应的正交表，再依托正交表，挑选出部分有代表性的点进行实验。可以实现以最少的实验次数达到与大量全面实验等效的结果。

（2）均匀实验设计

均匀设计是只考虑实验点在实验范围内均匀散布的一种实验设计方法。均匀实验设计是处理多因素多水平实验的首选方法，可用较少的实验次数，完成复杂的科研课题开发和研究工作。

（3）单因素轮换法

单因素轮换法是固定其他因素不变，把多因素实验转化为多个单因素实验，对每个单因素进行水平的改变并考察其影响，从而获得该因素的较高水平，然后再把各个因素的较高水平进行组合的实验设计方法。当因素之间存在交互作用时，这种方法就不能找到最佳的参数组合，优化结果显示的可能是局部结果，不一定是最佳的结果。该方法的优点是方法简单、易行；缺点是不能综合反映各种因素水平间的交互作用。

7.2.2.2 实验数据的误差分析

实验的目的是通过科学分析实验数据，找出数据变化所反映的科学规律。要达到这一目的，离不开对实验数据的处理。数据处理，是指从采集数据到最后分析得出结论的过程。

在实验过程中，由于测量仪表、测量方法、测量环境以及人等因素的影响，实验数据与真值间总是存在一些误差，需要首先对实验数据进行误差分析。

误差分析的目的是评定实验数据的精确性，弄清误差的来源及其影响，排除数据中包含的无效成分，从而提高实验的精确性，为准确分析数据所反映的客观规律奠定基础。根据误差产生的原因及其性质，可将误差分为三类。

（1）系统误差

由测量仪器不良、测量方法不当、测量环境不标准、实验人员的习惯和偏好等因素所引起的误差。这类误差在一系列测量中，误差的大小和符号不变或有固定的规律，经过精确的校正可以消除。系统误差的大小可用正确度表征，系统误差越小，则正确度越高；系统误差越大，则正确度越低。

（2）随机误差

随机误差（偶然误差）是因一些不易控制的随机因素所引起。这类误差在一系列测量中的数值偏差大小和符号是不确定的，而且是无法消除的，但它服从统计规律。在误差理论中，常用精密度一词表征随机误差的大小。随机误差越小，则精密度越高。

（3）过失误差

过失误差是由于测量过程中明显歪曲测量结果而产生的误差，含有过失误差的测量值被称为坏值。这类误差往往与正常值相差很大，在整理数据时应加以剔除。

7.2.2.3 可疑值的检验

一组平行测定的数据中，有时会有个别值偏离较大，此值称为可疑值（离群值）。若此数据确认为是过失误差所致，应舍去。判别可疑值应当应用统计检验的方法，经计算后取舍。常用的判别方法有以下几种。

（1）3σ 准则

由高斯定律知，若随机误差 x 以标准误差 σ 的倍数表示，$x=t\sigma$，则在 $\pm t\sigma$ 的范围内出现的概率为 $2\phi(t)$，超出这个范围的概率为 $1-2\phi(t)$，$\phi(t)$ 为概率函数，表示为

$$\phi(t)=\frac{1}{\sqrt{2\pi}}\int_0^t \mathrm{e}^{-\frac{t^2}{2}}\mathrm{d}t$$

当 $t=3$，即 $|x|=3\sigma$ 时，根据随机误差正态分布规律，其偏差 d_i 落在 $\pm 3\sigma$ 以外的概率约为 0.3%。如果发现某测量值的偏差大于 3σ，即 $|d_i|>3\sigma$，则可认为它含有过失误差，应该剔除。

（2）G 检验法

G 检验法结果可靠，方法准确，是常用的检验方法。

若对某量做多次平行测量，得到一组测量值 $x_i(i=1\sim n)$，若 x_i 服从正态分布，G 检验法步骤如下：

① 计算所有测量值的平均值：$\bar{x}=\frac{1}{n}\sum\limits_{i=1}^{n}x_i$

② 计算所有测量值的标准偏差：$\sigma=\sqrt{\frac{1}{n-1}\sum\limits_{i=1}^{n}(x_i-\bar{x})^2}$

③ 按下式计算 $G_{计}$：$G_{计}=\dfrac{|x_{可疑}-\bar{x}|}{\sigma}$

④ 根据测量次数查 G 值表中 95% 置信度对应的 $G_{表}$ 值，若 $G_{计}>G_{表}$，则可疑值舍去，否则该值应保留。

除了上述方法，还有其他的一些方法，如 F 检验、t 检验法等。

7.2.2.4 实验数据处理

实验数据处理的目的是将实验中获得的大量数据整理成变量之间的定量关系，进一步分析实验现象，提出新的研究方案或得出规律。实验数据处理应贯穿于整个实验过程。实验数据处理方法的确定也是一项重要的工作，它直接影响实验的结果。实验数据中各变量的关系可用列表法、图示法和函数法等表示。

列表法是将实验数据列成表格，以显示各变量间的对应关系，反映变量间的变化规律。列表法是整理数据的第一步，为绘制曲线图或数学建模奠定基础。

图示法是将实验数据绘制成曲线，反映出变量间的关系。图示法直观清晰，容易观察出数据中的极值点、转折点、周期性、变化率及其他特性。准确的图形还可以在数学表达式未知的情况下，应用图解法进行微积分运算。

函数法是借助数学方法将实验数据按一定的函数形式整理成变量之间的关系表达式，即数学模型。

7.2.2.5 数学建模

数学模型是人类认识事物内在本质和规律的理想模型，也是用数学手段研究事物内在规律的基础。应用数学知识解决实际问题的第一步就是从杂乱无章的数据中抽象出恰当的数学关系，也就是构建关于实际问题的数学模型，这一过程称为数学建模。

数学建模基于问题的实际背景和一些已知信息，这些信息可以是一组实测数据或模拟数据，也可以是若干参数、图形或一些定性描述，依据给定信息建立数学模型的方法有很多，但从基本解法上可以分为五大类：

① 机理分析方法：主要是根据实际中的客观事实进行推理分析，用已知数据确定模型的参数，或直接用已知参数进行计算；

② 构造分析方法：首先建立一个合理的模型结构，再利用已知信息确定模型的参数，或对模型进行模拟计算；

③ 直观分析方法：通过对直观图形、数据进行分析，对参数进行估计、计算，并对结果进行模拟；

④ 数值分析方法：对已知数据进行数值拟合，可选用插值方法、差分方法、样条函数方法、回归分析方法等；

⑤ 数学分析方法：用"现成"的数学方法建立模型，如图论、微分方程、规划论、概率统计方法等。

数学建模方法还有很多，如线性回归、线性规划、动态规划、模糊数学以及神经网络等方法。

7.2.3 文献研究方法

文献研究方法是围绕特定的研究对象或研究问题，从网络资源或各种数据库中查阅与问题解决相关的文献，获得数据或相关信息，从而全面、正确地理解和把握问题的相关研究方法、研究进展以及存在的不足。

（1）文献资料分类

文献资料分为如下三类：

① 一次文献：一次文献也被称作原始文献，包括各种图书、报刊、学术会议论文集、科技报告、各地的统计年鉴、地方或部门档案资料等。《百科全书》是非常好用的一次文献。词（辞）典、教科书也是很有用的一次文献。

② 二次文献：为了方便研究者快速、有效地查找信息，信息工作者对一次文献进行整理、加工、提炼，编辑而成的书目、索引和检索性文摘等，叫作二次文献。《新华文摘》《书摘》《文摘报》等文摘类报刊也属于二次文献。

③ 三次文献：主要是指综述和述评一类的文献，是作者对若干一次文献进行整理和研究后写成的文章。从三次文献中可以大致了解到某一专题研究的总体情况。

（2）文献获取

① 根据文献出处，直接去图书馆馆藏库查找纸质原文。

② 进入网络电子图书馆数据库进行文献查阅。

（3）文献研究基本方法

文献研究一般包括以下几个阶段：

① 确定研究目的和问题。研究目的和问题不同，文献收集范围和分析重点也不同。

② 文献收集。首先，根据文献研究目的和问题，确定文献收集和描述的范围，即要

收集文献的内容范围、时间范围和文献类别。然后，做好收集文献和描述文献的准备工作，设计文献收集方案。最后，根据已拟定的研究方案和目的，进行文献收集。在收集文献时要注意文献的真伪鉴别，考察文献的来历和可靠程度；要注释记录文献的来源，以保证引用文献的规范性，避免侵犯他人知识产权；尽量扩大文献收集的范围，以保证收集到较为完整文献。

③ 文献的整理。为了从大量原始资料得到有助于解决问题的文献，需对文献进行检查、核实、分类等，整理后的文献要有一定的时序、逻辑和问题相关性。

④ 文献的解读。文献的解读包括摘要解读和精读，前者用于文献研究问题、方法、思路和研究结论的概略性了解；后者为通过摘要解读确定为重点关注的文献，需要深入理解和掌握文献中对研究有价值和意义的内容，这个阶段既要把文献内容同自己的研究问题结合起来，同时还要鉴别文献的真伪和内容的可靠性。

⑤ 文献分析。文献分析包括统计分析与理论分析。前者主要是定量分析，采用的主要方法是统计方法、数理方法和模拟法；后者是定性分析，包括逻辑分析、历史分析、比较分析、系统分析等。

上述文献研究过程并不是一种直线式的过程，根据研究的需要常常重复其中的某个过程。比如，在分析阶段，可能需要重新收集文献、整理文献和阅读文献，在不断重复的过程中，不断明晰自己研究的问题、研究意义、国内外研究现状、研究思路等，最终形成研究报告。

7.3　大学生创新实践案例

7.3.1　白酒酿造过程热能梯级利用方法研究

白酒生产属于传统产业，固态法小曲酒的酿造是使用整粒的粮食作物为原料生产的，这种生产方式的工艺很独特，经过泡粮、初蒸、焖粮、复蒸、摊晾、加曲、入箱培菌、配糟发酵、固态蒸馏，整个白酒生产工艺流程始终以固态基质形式贯穿，如图 7-3 所示。然而，传统的白酒酿造工艺已经不能适应新时代酿酒要求，在诸多问题中，最显著的问题就是传统生产方式造成了大量的能源浪费。

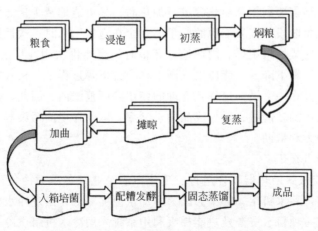

图 7-3　固态法小曲白酒的酿造工艺流程

为实现小曲清香型白酒酿造工艺过程中的节能减排、降本增效，借鉴某典型机械化酿造酒企的水资源消耗指标，结合工艺生产实际需求，分析研究能源综合利用，设计了一套小曲清香项目水资源及热能梯级利用系统方案。通过换热器热交换原理计算流程中水资源的流量和温度。再分析浸泡、焖粮和清洁用水阶段产生的热能，据此设计的热能梯级利用该方案能产生较大的经济效益。图7-4为热能梯级利用方案主要流程及思路。

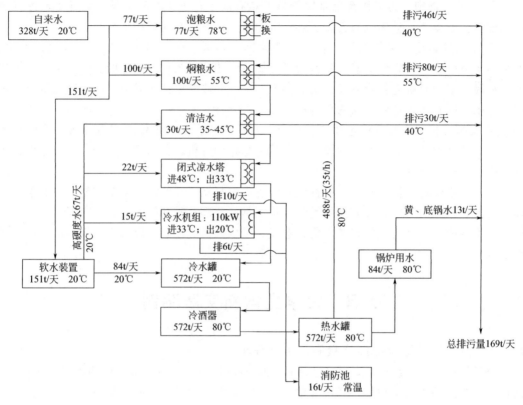

图 7-4　热能梯级利用方案主要流程及思路

1. 系统用自来水 328t/天；2. 系统排污 169t/天；3. 吨酒耗水：11.5t/t 酒

在小曲清香项目水资源及热能梯级利用系统中，尽可能地不用高质能源去做低质能源可以完成的操作。当需要利用高温热源进行加热时，尽可能地减少传热的温差，避免能源的浪费。例如，泡粮阶段的高质能源的能量不完全在泡粮用水时一次性用完，将余热利用在焖粮工序，从而完成焖粮工作。同样地，焖粮时的余热再次用在厂房、设备的清理上。由于能源的温度是逐渐下降的，能质也逐渐下降，且下降过程中，板式换热器和酿酒设备消耗能源时，总会处在一个最为经济且合理的使用温度范围内。因此，热能梯级利用系统方案将会为降低资源的耗能量、增加成品的出酒率、减少环境的污染等白酒行业所期许的目标提供更多的动力和帮助。

此项目的创新点在于：

① 冷水机组与板式换热器联合运行。现代白酒企业在冬季对冷负荷的需求量是非常少的，容易频繁启停冷水机组，甚至会因为冷却水温度太低，出现冷水机组难以启动的情况。因此，小曲清香项目水资源及热能梯级利用系统采用冷水机组供冷与板式换热器供冷相结合的方式，利用板式换热器为白酒酿造生产设备提供冷冻水。一方面减少冷水机组使

用次数和每次使用的时间;另一方面以冷酒水作为冷源,通过增加板式换热器同冷冻水系统热交换后,使其达到可以使用的条件。这不仅能够减少制冷能耗,而且有效提高了能源的利用效率,延长了冷水机组设备的使用寿命,并减少了设备维修和购买费用。

② 协调余热与回热。采用热能梯级利用系统,不但可以增强锅炉房中锅炉用水的锅炉一侧的回热,而且也能有效避免余热利用时换热器排气压力增大和热耗率增加等问题。传统白酒酿造工艺的余热并没有被充分考虑和利用起来,回热经济性也不佳,小曲清香项目水资源及热能梯级利用系统方案的提出,可以更大程度地降低㶲损失。从形式上看,不仅完成了余热、废热的回收运用,还通过回热技术减小了制酒流程中换热器进行热交换的热损失,同时提升了余热品质。

③ 热能梯级利用。白酒酿造生产流程中需要消耗大量的蒸汽用于工艺加热,热能梯级利用系统方案中冷酒水采用软化水,并采用内循环方式,一部分高温冷酒水进入锅炉,剩下的高温冷酒水利用板式换热器的热交换原理与泡粮水、焖粮水和清洁用水进行热交换,将泡粮、焖粮以及清洗厂房设备等的用水的余热和废水再次利用起来,热水罐中的热水与泡粮用水之间、泡粮与焖粮工序之间及焖粮与清洁用水之间实现热能的梯级利用。

7.3.2 基于涡流效应的双作用车用空调系统研究

汽车空调系统会对汽车附加 20%~30% 能耗,为解决这个问题,降低轿车油耗和二氧化碳排放量,使轿车空调既可以满足制冷/制热需求又达到节能的目的,本研究基于涡流效应原理对轿车空调系统的改进方法进行了研究。

现有研究表明,高速气流沿切向流入阿基米德螺旋线涡流室,形成自由涡流,在此过程中,内外层气流之间不断进行能量交换,分离成温度不等的两部分。其中心部位能量降低并从冷气流一端流出,边缘部分能量增大形成热气流,向相反的方向运动,并流向涡流管的另一端,于是进入的高速气流被分离成冷热两股气流。

研究团队首先基于涡流效应,在对现有轿车车用空调系统或涡流管结构和原理研究的基础上(图 7-5),将涡流管技术应用于轿车车用空调系统,设计成一种以汽车行驶过程迎风作为驱动能源的双作用空调系统(图 7-6)。涡流管是主要部件,其对迎风气流的温度分离效果直接影响空调系统的性能,为此对涡流管进行了 3D 建模,通过 Fluent 软件对其内部流场进行仿真,并在此基础上对涡流管进行尺寸优化。优化结果表明,当涡流管冷端管径为 30mm、冷端管长 10mm、热端管径 45mm、热端管长为 400mm 时,其制冷性能较优。最后,对此系统进行了节能环保效益计算,计算结果表明,如果我国的轿车都采用此系统,则每年可减少油耗 3.71×10^{10} L(汽车排量以 1.4L 计算),减少二氧化碳排放 8.35×10^{7} t。

本项研究为轿车节能提供了一种新的方法和思路,该项成果在全国第十二届过程装备实践与创新大赛上荣获二等奖。

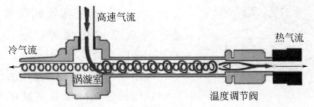

图 7-5 涡流管工作原理

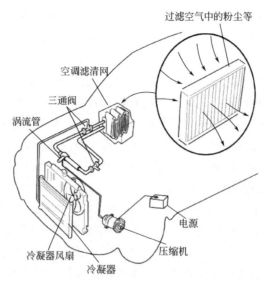

过滤空气中的粉尘等

空调滤清网

三通阀

涡流管

电源

压缩机

冷凝器风扇

冷凝器

图 7-6　基于涡流管的双作用空调系统结构及布置图

7.3.3　喷涂车间 VOCs 废气高效回收装置设计

随着国家对生态环保可持续发展的重视，大气污染治理被纳入国家生态治理重点领域。由于中小型家具制造企业生产规模小、生产工艺落后、竞争激烈以及废气处理成本高昂等因素，VOCs 废气排放不达标已成为家具行业关注的新焦点。

家具制造过程产生的 VOCs 主要来源于涂装过程，由于家具类型不同，涂料的种类和涂装工艺有所不同，挥发性有机物的排放也不同。VOCs 产生的多样性造成了 VOCs 排放的多样性，进而导致了 VOCs 危害的多样性，如图 7-7 所示。

人体产生病变

易燃、易爆

造成环境和人类健康的危害

破坏臭氧层

光化学烟雾

图 7-7　VOCs 危害的多样性

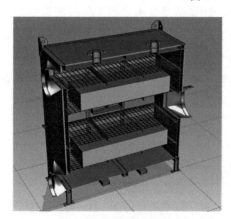

图 7-8　活性炭箱剖视图

通过对家具制造企业的实地调研和 VOCs 废气处理市场的调查，得出 VOCs 废气高效回收装置的研发设计目的。为急切需要对 VOCs 废气进行处理的中小型家具制造企业提供私人化、个性化产品服务，针对性地进行 VOCs 废气排放数据分析、VOCs 废气高效回收装置相关参数设计、装置外观结构优化等，解决各家具制造企业 VOCs 排放难以达标问题。

吸附剂蜂窝状活性炭在活性炭吸附箱中的摆放形式设计能为降低装置耗能和减少废气处理成本提供一种有效方案。图 7-8 为活性炭箱结构剖

过程装备与控制工程专业导论

视图。

在宏观层面上，结合吸附箱有限的填装空间来发挥活性炭最大的吸附能力，从而有针对性地满足各家具制造企业不同VOCs处理风量的需求，提升废气处理设备的经济性，因此可根据活性炭吸附箱的填装容量来设计蜂窝状活性炭的摆放形式，图7-9所示为吸附箱不同摆放位置。饱和蜂窝状活性炭经升温脱附后可二次填充于吸附箱中，完成VOCs吸附工作，脱附而得的VOCs积聚物可再做进一步分离加工，做到废弃物的有效利用。

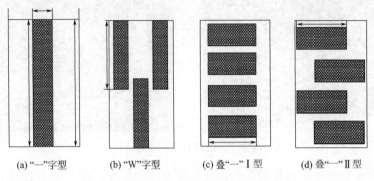

(a)"一"字型　　(b)"W"字型　　(c)叠"一"Ⅰ型　　(d)叠"一"Ⅱ型

图7-9　吸附箱不同摆放位置图

此项目的创新点在于：

① 针对性研发喷涂车间VOCs处理装置。喷涂作为家具生产工序中的一个重要环节，影响着成品家具最终工艺效果。根据不同家具所用喷涂剂种类不同，喷涂操作不同，家具所需喷涂量、喷涂时间不同以及各家具制造厂生产能力大小不同等因素，各喷涂车间对于VOCs的处理需求各不相同。

调研各厂的具体情况，采集相关数据，如VOCs的成分、产生浓度，对已采集的数据进行分析研究，根据研究结果进行VOCs处理装置的针对性设计制造。针对性地对装置进行研发制造不仅能将VOCs废气彻底吸附处理，对不同VOCs处理需求的家具制造厂生产制造成本也提出了有效的减缩方案，提升了装置的经济性与适用性。

② 高效吸附回收装置研究。选用蜂窝状活性炭作为装置的核心吸附部件，其独特的内部孔结构，在同等体积的活性炭中，具有更大的吸附表面积，在微观层面上大大提升了对VOCs废气的吸附能力。为进一步提高吸附性能，对炭块在装置内部的摆型设计进行了宏观层面的研究。研究结果表明，针对性地选择活性炭块在装置内部的摆型设计，能进一步提升活性炭块整体吸附性能。

吸附饱和后的蜂窝状活性炭块在脱附后，可再次填充于装置中，进行二次吸附。通过预留的活性炭观察窗观察活性炭吸附状态变化，做好活性炭块的更换。对装置进行了四层结构的设计和"一进两出"的气体通道设计，为装置在现场的安装提供了便利，也确保了喷涂车间VOCs的尽快排除和与装置内部活性炭层的有效接触。

7.3.4　撬装式智能曲房开发

大曲作为白酒固态发酵的发酵剂，在白酒酿造过程中占有重要地位，其需在大曲发酵房（曲房）内完成发酵过程才能投入使用。针对曲房在实际生产中普遍存在的温湿度调节不够均匀、大曲发酵质量不稳定、大曲发酵过程难以摆脱对生产经验的依赖、自动化程度低等问题，提出利用撬装式曲房改进传统"笼式"建筑曲房，并对曲房温湿度调节系统进行设计，构建撬装式智能曲房。为探究温湿度调节系统可靠性与通风管道安装的最优位置，采用数值仿真和实验探究相结合的方式，对曲房温湿度变化规律和曲房内曲块温湿度分布的均匀性进行了研究。

① 通过对曲房的功能需求进行分析，设计出了曲房温湿度调节系统，结合撬装式曲房设计要求和曲房整体结构布置，建立了撬装式智能曲房三维模型（图 7-10），为撬装式智能曲房的构建提供了参数依据。

图 7-10 撬装式智能曲房设计

② 设计智能曲房系统功能和架构，并根据不同酒厂中大曲发酵工艺的不同，分析环境因素对大曲发酵的影响，提出曲房温湿度内外循环调控方式并设计相应的控制系统（图 7-11），同时针对曲房设备中电加热器加热的滞后性、非线性等特点，设计了模糊 PID 智能算法对加热过程进行智能控制（图 7-12）。

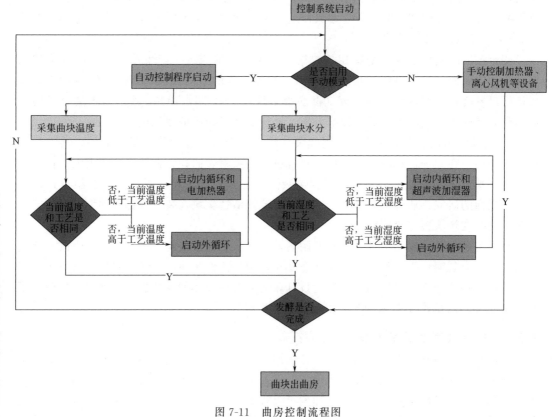

图 7-11 曲房控制流程图

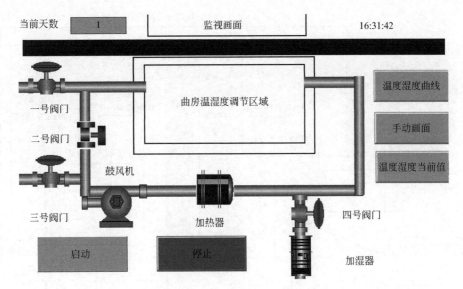

| 当前天数 | 1 | 监视画面 | | 16:31:42 |

曲房温湿度调节区域

一号阀门

二号阀门

鼓风机

三号阀门　　　　加热器　　　　　　四号阀门

启动　　　　停止　　　　　　加湿器

温度湿度曲线

手动画面

温度湿度当前值

图 7-12　曲房控制界面

③ 对曲房升温过程的传热机制进行了研究，利用多孔介质模型进行等效计算，为曲房的数值计算提供可行的计算方法，并对温湿度变化过程进行数值仿真分析，对比发现稻草有益大曲升温与保温，确定了撬装式智能曲房搭建过程中管道的安装方式。

④ 根据撬装式智能曲房的设计参数、设备型号选择和温湿度调控系统优化结果，搭建了智能曲房实验平台，进行曲房温湿度调控实验，得到曲块曲心位置处温湿度随时间变化曲线图，并与仿真结果进行对比。

本研究的创新点包括：

① 构建撬装式智能曲房，解决了传统"笼式"曲房成本高、占地面积大、建筑周期长、管理困难、建成后难以升级改造等问题。

② 提出了一种曲房参数专家控制系统，对大曲发酵全程进行控制，改善大曲发酵质量。

本项研究成果在全国第十二届过程装备实践与创新大赛上荣获一等奖。

7.3.5　纤维塑化水余热利用防堵换热器设计

纺织印染行业是工业污水排放大户，我国纺织印染企业数量众多，每天要排放大量废热水。纤维塑化废水出口温度在 60～80℃左右，含有纤维单体，直径小，易吸附于换热器的表面造成堵塞。传统方法采用过滤＋板式换热器的方法对其热能进行利用。但这种方法过滤成本高，而且板式换热器容易堵塞，3～5 天就需要清洗一次，人力成本也高。

项目研究团队根据塑化废水工艺特点，提出对塑化废水简单过滤，然后利用重力降膜流动不易堵塞的特点，对塑化废水热能进行利用，研发出防堵、易拆卸和清洗的降膜流换热器，解决了塑化废水低位能源利用问题。

本成果的主要工作和创新点如下：

① 针对纤维塑化水低温热源利用提出一种余热梯级综合管网利用方案，实现对低品位热能的逐级利用，如图 7-13 所示。

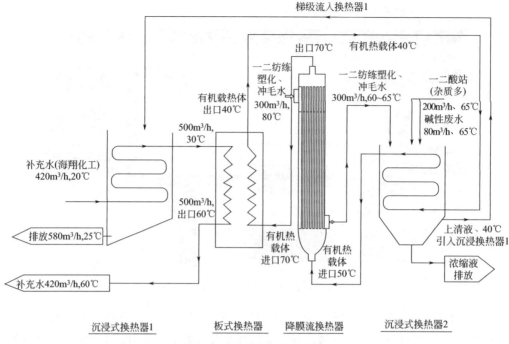

図 7-13 余熱梯级换热网络

② 针对纤维塑化废水易造成堵塞,过滤成本较高的问题,提出了降膜流换热器,废水在管外依靠自身重力沿管壁向下呈膜状流动,不同于传统换热器壳程流体的"之"字形流动,不易堵塞,换热效率高;对过滤精度要求低,运行成本更低;热油在管内湍流流动,在低温条件下不易结焦,可长期稳定运行;在降膜分液板与筒体之间设计了一个轴向锥形密封结构,且在换热器顶部设计了重力自紧密封,在底端设计了填料函密封,便于换热管束拆卸,清洗降膜流分布器及换热管外壁,如图 7-14 所示。

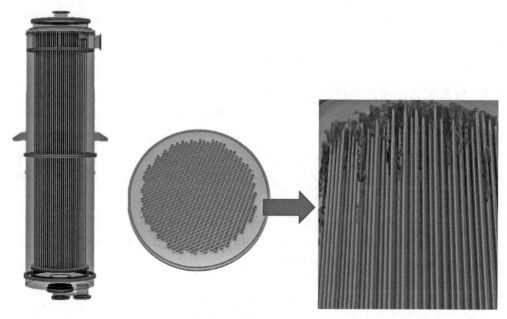

图 7-14 降膜流动设计

③ 换热器的降膜流不同于传统的冷凝，管外流动传热缺乏经验公式，针对此问题，采用数值模拟的方法，计算管外流动换热系数，为降膜流换热器的设计计算奠定了理论基础。

本项研究成果在全国第十届过程装备实践与创新大赛上荣获二等奖。

思考题

1. 举例说明过程装备与控制工程专业能够培养哪些方面的知识、能力和素质？

2. 通过学习，举例说明对本专业各毕业要求的理解。

3. 谈谈自己对创新能力培养的认识。

4. 查阅资料后，你对专业相关的哪些现代工具感兴趣？有何作用？

5. 通过学习和资料查阅，简单说明数据处理常用的方法及作用。

6. 拟定一个过程装备与控制工程相关的问题，开展文献研究，撰写文献研究报告，并总结文献研究的基本过程。

7. 结合本课程对绿色制造模式下的过程装备设计、过程工业节能及其装备发展、现代环保技术及其装备发展、新能源及其装备发展、过程工业智能制造等五个方向发展趋势及专业相关性的学习，请你选择自己感兴趣的方向，查阅资料，分析该方向需要解决或正在解决的问题，结合查阅的文献资料，提出你的创新思路；结合本专业培养方案，分析从事相关问题的创新设计或研究，可能涉及的课程，以及各课程能够提供的支撑。

参考文献

[1] 朱文章，陈丽安，林志成. 新工科人才创新创业能力培养——大学生双创实务 [M]. 厦门：厦门大学出版社，2018.

[2] 魏峥. Pro/ENGINEERWildfire 应用与实训教程 [M]. 北京：清华大学出版社，2015.

[3] 邬晓强. UGNX9.0 实用技能快速学习指南 [M]. 北京：电子工业出版社，2015.

[4] 余伟炜，高炳军. ANSYS 在机械与化工装备中的应用 [M]. 2 版. 北京：中国水利水电出版社，2023.

[5] 冷士良. 化工文献检索实用教程 [M]. 2 版. 北京：化学工业出版社，2022.

[6] 中国大学生机械工程创新创意大赛——过程装备实践与创新赛 [N/OL]. 2022.08，http://www.gczbds.org/.